DISCOVER
CHINA

发 现 中 国

Cultural Landmarks

文化地标

林 德 汤 编

北 京 出 版 集 团
北 京 出 版 社

图书在版编目（CIP）数据

文化地标 / 林德汤编. — 北京 ： 北京出版社，
2022.3（2024.7重印）
（发现中国）
ISBN 978-7-200-16855-6

Ⅰ．①文… Ⅱ．①林… Ⅲ．①建筑物 — 介绍 — 中国
Ⅳ．①TU-092

中国版本图书馆CIP数据核字(2021)第256001号

策　　划：黄雯雯
责任编辑：杨薪誉
责任校对：韩　莹
封面设计：王红卫　刘星池
内文设计：魏建欣
责任印制：齐　颖

发现中国
文化地标
WENHUA DIBIAO

林 德 汤 编
*
北 京 出 版 集 团
北 京 出 版 社 出版
（北京北三环中路 6 号）
邮政编码：100120

网　　　址：www.bph.com.cn
北 京 出 版 集 团 总 发 行
新 华 书 店 经 销
北 京 华 联 印 刷 有 限 公 司 印 刷
*
710毫米×1000毫米　16开本　14印张　246千字
2022 年 3 月第 1 版　2024 年 7 月第 2 次印刷
ISBN 978-7-200-16855-6
定价：78.00 元
如有印装质量问题，由本社负责调换
质量监督电话：010-58572393

前言

沧海桑田，斗转星移。在5000多年的文明发展史中，中华民族创造了博大精深的灿烂文明，有的流传在口耳相传的民谣里；有的呈现在精美绝伦的刺绣中；有的被藏进画卷和通贯古今的史书里；还有的随着城市的发展而变化，被镌刻在一座座建筑之中。

我国近现代建筑艺术之父梁思成先生曾说过："中国建筑之个性乃即我民族之性格，即我艺术及思想特殊之一部，非但在其结构本身之材质方法而已。"一座建筑之所以能够成为一座城市的名片、文化地标，不仅是因为其由简单的文化元素堆叠的奇特炫目外表，更是因为中华民族博大精深的传统文化、城市文明发展的种种辉煌成就、历史的脉络都已经深深地刻在了这座建筑的骨子里。

人有不同的气质个性，因人而生的城市也在历史和现代的发展中形成了属于自己的独特气质，融入一座座的建筑中，或沉稳大气，或浪漫时尚，或热情奔放，或内敛含蓄……无论是走过了600多年风雨的紫禁城，还是见证了中华人民共和国诞生和崛起的天安门广场，都彰显着北京的沉稳大气；无论是风情万种的"小蛮腰"，还是"圆润双砾"的广州大剧院，都在诉说着这个新时代文化经济中心的热情奔放。这些不同的地标性建筑及其所蕴含的历史、文化汇聚成了一座城市的气质和风貌，是这座城市最具魅力的风景线。

文化地标承载着不可替代的人文价值。打造文化新地标，必须丰富其审美内涵，完善其服务功能，让其在与公众的"紧密连接"中产生重要影响。中华人民共和国成立以来，中国处于高速发展阶段，作为人文景观的文化地标被赋予了更多意义及使命，不但需要与自然环境、城市发展融为一体，承载人们的情感记忆，更应该成为服务人民文化艺术生活的一种公共建筑。

本书遴选了几十处中国著名的文化地标，弘扬了中华民族跨越时空、富有永恒魅力的文化精神。编者将它们分成了七大部分进行介绍，如第一部分"历史印记"中介绍了见证十三朝兴衰的古都西安钟鼓楼，还介绍了有着浓厚民族特色的布达拉宫、拉卜楞寺等；第二部分"博物大观"介绍了有着中华民族鲜明特色的自然和人类文化遗产博物馆，展示了中华民族源远流长的文明史及科技发展史等。而"古今碰撞""繁华轨迹""红色纪念""艺术殿堂""书香雅趣"等几部分则通过历史建筑的新生、现代化的崛起、伟大的复兴之路和文化艺术中心等方面全景展示了中华文化的博大精深。

翻开本书，奔向琳琅满目的博物馆、鲜活的艺术中心、潮流时尚的"网红"地和生命力顽强的古建筑，透过这些经典的文化地标来触摸一座座城市的温度。

目 录

第六章

艺术殿堂

165

第七章

书香雅趣

189

第一章

历史印记

巍峨雄伟的宫殿，空灵静谧的寺院，千古传唱的文化名楼，它们用建筑艺术传颂广博而又厚重的文化。

/ # 北京故宫

坐标：北京市东城区

荣誉：国家AAAAA 级旅游景区，全国重点文物保护单位，世界文化遗产，世界五大宫之首

主要景观：故宫五门、三大殿、后三宫、御花园、养心殿、皇极殿、角楼等

◎ 令人骄傲的古建筑群

　　故宫，坐落在北京的中轴线上，是北京重要的地标性建筑。故宫，旧称紫禁城，始建于明永乐四年（1406年），于永乐十八年（1420年）建成，是明、清两代的皇宫居所，历经24位皇帝。

　　紫禁城南北长961米，东西宽753米，总占地面积约72万平方米，共有大小院落90余座，房屋9000多间，其主体结构均为木质，配以青白石底座和金黄琉璃瓦顶，周围有10多米高的城墙和50多米宽的护城河，四隅有角楼。紫禁城布局工整，建造严格，仅屋顶形制就有10余种，体现了古代工匠精湛的技艺，堪称是无与伦比的杰作。

　　故宫主要分两大部分：外朝与内廷。外朝是皇帝处理政务的地方，依次分布着三大殿：太和殿、中和殿、保和殿。其中最富丽堂皇的当数太和殿，俗称"金銮殿"。殿高26.92米，建筑面积2377平方米，是中国现存最大的木结构建筑。太和殿是故宫里建筑等级最高的，三层汉白玉台基，有直径达1米的大柱92根，其中围绕御座的6根是沥粉贴金的蟠龙柱，其上为重檐庑殿顶。穿过乾清门则进入了以乾清宫、交泰殿、坤宁宫为中心的"三宫六院"。"三宫六院"也叫内廷，是皇帝、皇后及妃子的起居之地。

　　1987年，故宫被联合国教科文组织列为世界文化遗产。

1
—
2

1. 华灯初上的故宫
2. 御花园千秋亭藻井

午门鸽群

◎ 紫禁城的今生

　　在过去，紫禁城的重重宫阙、高墙深院彰显着皇家威严，划分着权力等级。而如今，历经600多年风雨的紫禁城已对世人开放，成为人们探访历史的故宫博物院。在这里，人们不但可以欣赏恢宏的宫殿，还可以观赏陈列的珍贵文物。故宫博物院除了收藏有明清时期皇家旧藏珍宝，还有从各地收集而来的大量珍贵文物，包括远古玉器、古书画、书籍档案等，藏品总量超过180万件，其中不乏绝无仅有的国宝。

　　参观故宫博物院的人数逐年增加，每年大量的海内外游客都会为这些无与伦比的艺术品驻足。

/ # 沈阳故宫

坐标：辽宁省沈阳市沈河区

荣誉：全国重点文物保护单位，世界文化遗产，国家一级博物馆

主要景观：大政殿、十王亭、凤凰楼

◎ 关外故宫

凤凰楼

提起故宫，人们首先想到的一定是北京故宫。但是在辽阔的关外土地上，还有一座清初修建的故宫——沈阳故宫。沈阳故宫是中国仅存的两大宫殿建筑群之一。2004年7月1日，沈阳故宫作为明清皇宫文化遗产扩展项目被列入《世界遗产名录》。

沈阳故宫位于辽宁省沈阳市旧城中心，始建于后金天命十年（1625年），原名盛京宫阙，后来被称为奉天行宫。清政府移至北京后，沈阳故宫成为"留都宫殿"。

沈阳故宫占地面积约4.6万平

大政殿

方米，在古代传统建筑的基础上融合了满族、蒙古族的建筑特色，有很高的历史价值和研究价值。沈阳故宫以崇政殿为核心，从大清门到清宁宫为中轴线，分为东、中、西三路。东路的大政殿和十王亭是最早建造的，为皇帝举行大典和八旗大臣办公的地方。大政殿为八角重檐攒尖式建筑，是汉族的传统建筑形式；殿顶的相轮宝珠与8个力士，具有浓厚的宗教色彩；大政殿内的梵文天花，体现了少数民族的建筑特色。中路包括大清门、崇政殿、凤凰楼、清宁宫等，这些宫殿镶嵌着龙纹五彩琉璃，雕刻的彩画精致而生动。西路包括戏台、嘉荫堂、文溯阁和仰熙斋等，是皇帝"东巡"盛京时，读书、看戏和存放《四库全书》的场所。

◎ "紫气东来"匾

凤凰楼是典型的台上起楼，建造在4米高的台基上，高3层，为三滴水歇山式楼阁，是清代盛京的最高建筑，登楼可俯瞰全城。

凤凰楼一层南门额上，悬挂着乾隆皇帝亲笔题写的"紫气东来"金漆九龙匾。此匾原制于北京，于乾隆二十二年（1757年）由养心殿造办处送至盛京。该匾为木雕髹漆、镶铜字制成，匾外框浮雕金漆云龙图案，匾面为洋蓝色，其上镶有铜质"紫气东

来"4个字，文字中央上部镶朱文篆书"乾隆御笔之宝"印玺。"紫气东来"源于道家老子的故事，后人多用来表示祥瑞。乾隆皇帝借此匾额来寄望大清国运自东方兴起，万世康宁。

"紫气东来"匾

/ # 西安钟鼓楼

坐标：陕西省西安市鄠邑区
荣誉：全国重点文物保护单位
主要景观：钟楼、鼓楼、二十四节气鼓

◎ 钟楼和鼓楼

西安作为十三朝古都，有着1000多年的国都史，西周、秦、西汉、新朝、东汉、西晋、前赵、前秦、后秦、西魏、北周、隋、唐都曾在此建都。

西安是世界十大古都之一，王朝的更迭留下了无数的名胜古迹，而处在这座城市中轴线上的钟楼和鼓楼则最具代表性。

钟楼始建于明洪武十七年（1384年），是一座重檐三滴水式四角攒尖顶的阁楼式建筑，占地面积约1377平方米，建在用青砖、白灰砌成的方形基座上。基座下有高与宽均为6米的十字形券洞与东南西北4条大街相通。鼓楼始建于明洪武十三年（1380年），比钟楼的建造时间稍早。鼓楼砖木结构的建筑风格与钟楼基本相同，建于高大的长方形青砖台基之上，总高34米。基座南北正中辟有高和宽均为6米的拱券门洞。现在鼓楼上的大鼓是1996年重制的。重制的大鼓高1.8米，鼓腹直径为3.43米，鼓面直径为2.83

米。鼓上有1996个泡钉，寓意1996年重制，重1.5吨。为重现古代"晨钟暮鼓"的传统，从2007年起，西安钟楼和鼓楼每天上演"晨钟暮鼓"，声闻十里，成为西安一大特色。

◎ 跨年夜的钟声

每年的除夕之夜，中央人民广播电台都会准时播放新年钟声，而这浑厚嘹亮的钟声就是以闻名于世的唐钟——景云铜钟录制的。该钟原名"景龙观钟"，唐开元年间改景龙观为迎祥观，故又称"迎祥观钟"。因铸于唐景云二年（711年），今称之为"景云铜钟"或"景云钟"。

景云铜钟重约6吨，高2.47米，口为六角弧形。钟身自上而下分为3层，每层用蔓草纹带分为6格，格内铸有栩栩如生的飞天、腾龙、翔鹤、走狮、朱雀、凤、独角独

鼓楼风光

1. 钟楼夜景
2. 景云铜钟

现中国 文化地标／010

腿牛等图案，顶端蹲着一只名叫
"蒲牢"的神兽。钟身正面有一段
骈体铭文，为唐睿宗李旦亲自撰文
书写，有18行，共292字，阐述了
景龙观的来历和景云钟的制作经过
以及对此钟的赞扬。此钟起初被悬
挂在皇家道观景龙观的钟楼里，明
太祖朱元璋称帝后，当地为保存这
口传奇的景云铜钟，于洪武十七年
（1384年）在长安城原唐代钟楼的
位置上建造了一座钟楼。后扩建西
安城时，将钟楼迁到现在西安钟楼
的位置。如今，景云铜钟被保存在
西安碑林博物馆内。

/ 布达拉宫

坐标：西藏自治区拉萨市城关区

荣誉：国家AAAAA级旅游景区，全国重点文物保护单位，世界文化遗产

主要景观：白宫、红宫、灵塔殿、日光殿等

◎ 日光之城的明珠

提到日光之城拉萨，很多人都觉得它是苍穹之下神秘而神圣的支点。而屹立在拉萨市区西北玛布日山上的最高建筑布达拉宫，便成了无数人向往的地方。

布达拉宫是中国古代藏族建筑艺术的精华，是集宗教与行政于一体的宫堡，是我国宫殿式建筑群中极为特殊的存在，同时也是世界上海拔最高的宫殿群。相传吐蕃赞普松赞干布迁都拉萨后决定与唐朝和亲，7世纪初，松赞干布为了迎娶唐朝公主——文成公主，在此修建了王宫。9世纪吐蕃王朝瓦解后，布达拉宫被

壁画

冷落，直到17世纪中叶，五世达赖喇嘛重新修建布达拉宫，布达拉宫成为历世达赖喇嘛居住地。后又经过多次修葺扩建，时至今日，这座"世界屋脊的明珠"——布达拉宫已经成为占地面积36万平方米的宏伟建筑群。因其建造历史悠久，且对研究藏族历史、文化、宗教具有特殊的价值，1994年被联合国教科文组织列为世界文化遗产。

◎ 气势雄伟的佛教圣地

依山而建的布达拉宫主要分为山顶宫殿、山前宫殿和山后区，具有鲜明的藏族特色，群楼重叠，气势雄伟。其建筑面积13万平方米，整体为石木结构，宫殿的外墙厚2～5米，基础直接埋入岩层。

山顶宫殿主要由红宫和白宫组成，主楼高117.19米，共13层，东西长400余米。红宫的屋顶全部采用木质斗拱外檐，上覆镏金铜瓦，顶端立有一大二小3座金色宝塔，在深红色女儿墙的衬托下煞是耀眼；女儿墙的墙顶立有强烈藏式风格的巨大镏金宝幢和红色经幡。宫殿采用了曼陀罗布局，围绕着历世达赖喇嘛的灵塔殿建造了许多祭堂、经堂和佛殿，从而与白宫连为一体。白宫高7层，墙面整体涂成白色，是达赖喇嘛的冬宫，其顶层因为从早到晚阳光灿烂，被称为"日光殿"，殿外有一个宽大的阳台，从这里可以俯视整个拉萨城。

虔诚的朝圣者

夜幕下的布达拉宫

/ 大观楼

坐标：云南省昆明市西山区
荣誉：国家AAAA级旅游景区，全国重点文物保护单位
主要景观：最长楹联、东园、南园、盆景园、近华浦、西园、楼外楼、百花地等

◎ 世界最长的楹联

上联：五百里滇池，奔来眼底，披襟岸帻，喜茫茫空阔无边。看东骧神骏，西翥灵仪，北走蜿蜒，南翔缟素。高人韵士，何妨选胜登临。趁蟹屿螺洲，梳裹就风鬟雾鬓；更萍天苇地，点缀些翠羽丹霞。莫辜负：四围香稻，万顷晴沙，九夏芙蓉，三春杨柳。

下联：数千年往事，注到心头，把酒凌虚，叹滚滚英雄谁在？想汉习楼船，唐标铁柱，宋挥玉斧，元跨革囊。伟烈丰功，费尽移山心力。尽珠帘画栋，卷不及暮雨朝云；便断碣残碑，都付与苍烟落照。只赢得：几杵疏钟，半江渔火，两行秋雁，一枕清霜。

神州大地有着数不尽的楼台亭阁，旷世美景。而诗文与楼台美景一直有着不解之缘，但凭借180字楹联而跻身中国十大历史文化名楼的大观楼却有着其独特的魅力。

清康熙二十九年（1690年），大观楼由巡抚王继文

兴建。最初，悬挂在大观楼的长联并没有署名作者，只有刊刻者陆树堂的名字，后来才有学者考证长联作者为孙髯翁。

大观楼临水而建，湖面波光粼粼，随着天际日色、云彩的变化而变幻无穷。远望西山，修竹茂林，峰峦叠翠。大观楼山环水抱，与天光云影构成一幅美丽的天然画卷，令人陶醉。大观楼建成后，不少文人墨客借景抒情，在此留下了诸多墨宝。

◎ 大有可观的大观公园

大观公园位于昆明西郊的滇池之滨，近观烟波浩渺的滇池，远望苍翠的太华山，因被称为"万里云山一水楼"的大观楼而得名。大观公园主要分为近华浦文物古迹景区、西园现代园林景区和南园中西合璧景区三大部分。大观公园占地面积47.8万平方米，有清乾隆时期修建的馆、阁、亭、轩榭等古建筑群临水萦绕；盆景园内百年佳木葱茏，百花烂漫；更有仿照杭州西湖建造的三潭印月美景。来到大观公园，不但可以欣赏园内假山、楼阁、小桥和碧水交相辉映之绝景，更可以体味历代古人的风情雅趣。

景区风光

武当山古建筑群

坐标：湖北省十堰市丹江口市
荣誉：全国重点文物保护单位，世界文化遗产
主要景观：金殿、太和宫、南岩宫、紫霄宫、复真观等

◎ 武当山古建筑群的艺术之美

武当山位于湖北省十堰市，是中国道教圣地，历朝历代都将其当作皇室家庙来修建，山上的古建筑群始建于唐贞观年间，明朝时达到鼎盛。武当山古建筑群按照真武修仙的故事统一布局，采用皇家建筑规制，营造"仙山琼阁"的意境，形成了"五里一庵十里宫，丹墙翠瓦望玲珑。楼台隐映金银气，林岫回环画镜中"的恢宏格局。

武当山古建筑群类型多样、用材广泛，无论是设计、构造，还是陈设、装饰，都具备极高的艺术价值。山上的建筑群由历代皇帝下旨修建，并派专人管理，建筑规模之大、规格之高、构造之严谨、装饰之精美、神像供器之多，在中国现存道教建筑中是首屈一指的。

武当山古建筑群坐落在沟壑纵横、风景如画的武当山山麓，在明朝时期逐渐形成规模。整个古建筑群有恢宏壮美的自然风光作为背景，又汇聚了元、明、清三代建筑艺术的成就和典范，是见证中国古建筑美学不可多得的宝贵资料，也是研究明朝政治和中国道教历史的重要实物。

紫霄宫

◎ 武当宝珠

　　峰奇涧险、洞谷幽深的武当山有72峰、36岩、24涧、11洞等自然胜景和53处古建筑群。在武当山众多的古建筑中，位于海拔1612米的天柱峰绝顶的金殿无疑是一颗熠熠生辉的宝珠。金殿始建于明永乐十四年（1416年），建筑面积160平方米，是中国现存最大的铜铸镏金大殿。金殿坐西朝东，面阔三间，高约5.5米，重檐庑殿顶，全部构件采用分体铸造，经过卯榫安装，结构严谨，无铸凿之痕，历经600多年风雨依然坚不可摧。金殿之中，神态雍容、身披铠甲的真武大帝雕像端坐于基座之上。相传，武当山是真武大帝的道场，每年农历三月初三，武当山都要举行法事活动，纪念真武大帝诞辰，而民众在这一天也会举行登高祈福的民俗活动。

山海关

坐标：河北省秦皇岛市东北

荣誉：全国重点文物保护单位，天下第一关

主要景观：箭楼、靖边楼、临闾楼、牧营楼、威远堂、东罗城、长城博物馆等

◎ 天下第一关

　　山海关位于河北省秦皇岛市东北，濒临渤海湾，又称"榆关"，素有"天下第一关"之称，未建立关隘之前便是兵家必争之地。山海关于明洪武十四年（1381年）正式建立关城，成为明长城军事防御的重要组成部分，在此后260多年的明朝历史中承担着生死关口之重任。四方形的关城城墙，内部土筑，外部砖砌，高14米，厚7米，四周设有城门、箭楼、护城河等防御设施。其中"天下第一关"城楼为仅存的原东门箭楼，与东面城墙上的临闾楼、威远堂、牧营楼、靖边楼形成"五虎镇东"的格局。

　　与长城相连的山海关踞山望海，地势险要，结构严谨，由7座城堡、10个关隘和险峻的燕山、浩渺的渤海等自然屏障构成的军事防御体系，是中国建筑史上融合自然天险成关的经典奇作。

◎ "天下第一关"匾额的传说

　　相传，500多年前，明成化皇帝朱见深亲笔降旨，要在山海关东门上挂一块题为"天下第一关"的匾额，并说这是朝廷对著名关隘的重视，可使山川增辉，如办理不善，要严加治罪。于是，当地的兵部主事亲自去拜访了书法家萧显。他向萧显说明来意

1
—
2

1. "天下第一关"匾额
2. 老龙头澄海楼

后，萧显沉吟了半晌，才点头应允。

萧显用一个月的时间研究前代著名书法家的法帖墨迹，又用一个月的时间拿扁担练背笔，以增强臂力，最终完成了匾额书写。

匾额写成后，兵部主事在东门的"悦心斋"酒楼盛宴款待萧显。酒过三巡后，宾主凭栏仰望，萧显这才发现"下"字少了一点。萧显急中生智，命书童马上研墨，随手抓过堂官手中的一块擦桌布，手中一团，蘸饱墨汁，用尽平生力气朝箭楼上的匾额甩去，只听"啪"的一声，这布不偏不倚，正好落在"下"字右下角。酒楼上满座宾客一时目瞪口呆，半晌说不出话来。待人们清醒过来，都异口同声地称赞道："萧公真是落笔有神，巧夺天工啊！"

萧显写的这块匾，至今还收藏在"天下第一关"城楼内，每天都吸引着大量游客驻足观赏。

越王楼

坐标：四川省绵阳市游仙区
荣誉：唐代四大名楼之首，天下诗文第一楼
主要景观：越王楼·三江半岛景区

◎ 天下诗文第一楼

位于四川省绵阳市龟山之巅的越王楼，高99米（2001年重建），站在楼上，可一览绵阳之胜景，是绵阳的地标性建筑。

越王楼始建于唐显庆年间，与黄鹤楼、滕王阁、岳阳楼齐名。

据说，唐贞观二十三年（649年）松赞干布病逝后，吐蕃蠢蠢欲动，为了抵御吐蕃的威胁，唐太宗第八子李贞奉其兄弟唐高宗李治之命镇守绵阳。越王李贞为壮大唐山河之美，扬天子之恩惠，上表建王府、修高楼。李贞亲自督建工程，参考了当时都城长安各王府的修建规划，并取龟山之地势，紧扼涪江上游之险要，历时3载，耗银50万两，终于建成高百尺（约30米）的越王楼。此后，李贞励精图治，广纳贤才，一时间绵阳政通人和，市井繁华，文人骚客络绎不绝，留下了

诸多千古传颂的经典诗文，历代诗人题咏越王楼的诗文多达150余篇。

◎ 越王楼·三江半岛景区

越王楼·三江半岛景区位于绵阳市涪城区与游仙区交界处，由越王楼、三江半岛两大区域组成。如今重建的越王楼是景区的核心景点，呈唐式昂斗飞檐歇山式风格，集楼、阁、亭、殿、塔于一体，规模宏大，是中国仿唐单体建筑之最。不远处是涪江与安昌江、芙蓉溪交汇处，这里水域宽广，空气清新，景色优美，被称为三江半岛。

依托越王楼的名气和瑰丽的三江半岛，景区已成为绵阳市民和游客追忆古人、休闲娱乐的好去处。白天，漫步在湿地栈道领略涪江之景；夜幕降临，登上越王楼，看炫彩的霓虹灯把这座科技城装点得五光十色。

碧瓦朱甍的"天下诗文第一楼"

晨雾中的越王楼及三江半岛

/ # 塔尔寺

坐标：青海省西宁市湟中区
荣誉：国家AAAAA级旅游景区，全国重点文物保护单位
主要景观：八宝如意塔、大金瓦寺、小金瓦寺、大经堂等

◎ 规模宏大的藏传佛教圣地

位于青海省西宁市中心西南26千米的塔尔寺，是我国藏传佛教圣地，与西藏的扎什伦布寺、色拉寺、哲蚌寺、甘丹寺和甘肃的拉卜楞寺并列为我国藏传佛教格鲁派（黄教）六大寺院。

塔尔寺依莲花山而建，占地面积45万平方米，是集藏汉艺术于一体的建筑群。寺内有大金瓦寺、小金瓦寺、酥油花院、密宗经院、十轮经院、如意塔、太平塔、菩提塔等，共1000多座院落，9300多座建筑。明洪武十二年（1379年），宗喀巴的母亲在信徒们的支持下于此地立塔，取名"莲聚塔"，此后100多年中，此塔虽然多次改建维修，却一直没有形成寺院。嘉靖三十九年（1560年），禅师仁钦宗哲坚赞在塔侧修建禅房，万历五年（1577年），他又在塔的南侧修建了弥勒殿。至此，塔尔寺初具规模。此后，经过三世达赖和四世达赖的苦心经营，塔尔寺于万历四十年（1612年）正月正式建立显宗学院，成为格鲁派的正规寺庙。

逐步发展壮大的塔尔寺因其极具地方特色的建筑风格，众多的法器、藏书和"四大法会"而享誉海内外，成为西宁乃至青海最主要的旅游胜地之一。

1. 八宝如意塔
2. 山门的如意斗拱
3. 转经筒

◎ 酥油花

　　酥油花是一种极具藏族特色的雕塑艺术，在格鲁派寺庙中用作供品，以祈祷风调雨顺、国泰民安、万事吉祥。塔尔寺的酥油花由"上花院"和"下花院"的艺僧用酥油加入矿石颜料制作而成。

　　酥油花内容多以佛教故事为主，以飞禽走兽和山水楼阁等为背景，在有限的空间内表达完整的立意，其造型精细而巧妙，栩栩如生。虽然酥油质地细腻，可塑性极强，但很容易被体温熔化，艺僧们在制作酥油花时需要不时将手浸入冰水中来降低手的温度。经过艺僧们的精心制作，塔尔寺的酥油花不管是题材、规模还是技艺，都是首屈一指的，成为塔尔寺的"艺术三绝"之一，被列为国家级非物质文化遗产。

/ # 拉卜楞寺

坐标：甘肃省甘南藏族自治州

荣誉：国家AAAA级旅游景区，全国重点文物保护单位，世界藏学府

主要景观：大经堂、时轮学院经堂、医学院经堂、喜金刚学院经堂、续部上学院经堂、续部下学院经堂、弥勒佛殿、最长转经祈福路等

◎ 世界藏学府

拉卜楞寺地处甘肃省甘南藏族自治州夏河县，紧邻黄河支流大夏河，旧称"扎西奇寺"，是我国藏传佛教格鲁派（黄教）六大寺院之一。寺庙自清康熙四十九年（1710年）由一世嘉木样活佛阿旺宗哲创建以来，逐步发展成占地面积86.6万平方米，高低错落、鳞次栉比的庞大藏族特色建筑群，包括六大学院、90多座殿宇，成为以活佛众多、治学严谨而闻名的寺院，是我国藏传佛教的最高学府。

拉卜楞寺保存着浩如烟海的藏文古籍、经卷，其中仅藏经楼就有藏书6.5万多卷，吸引着众多国内外佛教僧人前来学习交流。这里长年举办佛事活动，现已成为甘、青、川地区最大的藏族宗教和文化中心。

◎ 正月法会活动——瞻佛节

作为甘南地区最大的藏族宗教中心，拉卜楞寺每年要举行众多的法会活动。其中最为隆重的当数正月的瞻佛节。

冬日的拉卜楞寺，红白黄的色调在阳光下显得格外庄重，最为传统的晒大佛法事仪式在正月十三这天一大早就开始了。数百名僧人和信徒要将绘有释迦牟尼佛、弥勒

世界上最长的转经祈福路

佛、宗喀巴的唐卡抬到南山麓，活佛、僧人、信徒一起诵经，颂赞佛陀功德，祈愿国泰民安、风调雨顺。每年隆重的法事仪式和精美的佛祖唐卡吸引着众多的国内外游客与信徒来观瞻。

◎ 世界上最长的转经祈福路

转经筒又称玛尼经筒，有手持和固定两种形式，刻有"六字大明咒"经卷。藏传佛教认为每转动一次经筒相当于诵念一遍经文，以此来表达对佛的虔诚。拉卜楞寺外围有一个走廊，长3500米，由2000多个转经筒组成，沿着走廊依次转动这些饱经风霜的转经筒祈祷，至少需要1个多小时，因此这条路也被称为世界上最长的转经祈福路。

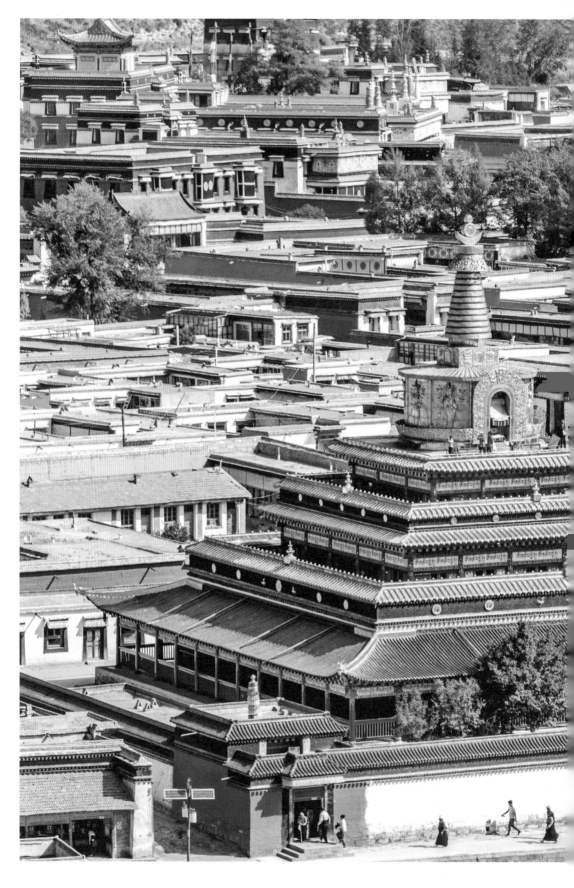

/ # 晋祠

坐标：山西省太原市晋源区

荣誉：国家AAAA级旅游景区，全国重点文物保护单位

主要景观：圣母殿、难老泉、木雕盘龙、鱼沼飞梁、唐碑亭、舍利生生塔、牡丹亭等

◎ 园林与祠堂共存

俗话说："不到晋祠，枉到太原。"位于太原市西南25千米的悬瓮山麓的晋祠，跨越了上千年的历史，是集中国古代祠祀建筑、园林、雕塑、壁画、碑刻艺术于一体的

圣母殿

1. 舍利生生塔
2. 牡丹亭

历史文化遗产，也是7—12世纪世界建筑、园林、雕刻艺术中极为辉煌壮美、璀璨绚烂的篇章。

　　晋祠是祭祀西周初晋国第一任诸侯姬虞的祠堂。晋祠的文化遗存极为丰厚，有宋、元、明、清时期的殿、堂、楼、阁、亭、台、桥、榭等各式建筑100余座，宋代以来的雕塑100余尊，铸造艺术品30余尊，历代碑刻400余通，诗文匾联200余副，古树名木96株，其中，上千年古树30株。在一处文化遗产中保存有如此众多的文物精品，实属罕见。晋祠的历史、艺术、科学和鉴赏价值，使其成为古代宗祠与园林艺术相结合且跨越年代最长又最具代表性的实例，是中国古代文化和人类建筑艺术宝库中一份弥足珍贵的遗产。

◎ 宋塑侍女像

　　圣母殿是晋祠的主殿，位于全祠中轴线西端，是晋祠三大国宝建筑中价值最高的一处。圣母殿内的43尊彩塑是晋祠文物中的精华，主像圣母邑姜，霞帔珠璎，凝神端坐于中央，其中最为珍贵的要数侍女像。它们立于殿中左右，每尊侍女像的神态、仪表各不相同，举手投足刻画得极为精细。

　　宋塑侍女像迄今已有900多年的历史，它们是记录历史变迁的活化石，也是我国古代泥塑艺术的珍品，具有极高的历史和艺术价值。

晋祠宋塑侍女像

/ # 鹳雀楼

坐标：山西省永济市
荣誉：国家AAAAA级旅游景区
主要景观：鹳雀楼、影壁等

◎ 鹳雀楼的前世今生

多少年来，中国的楼阁一直和文化有着不解之缘，鹳雀楼也不例外。唐朝诗人王之涣的《登鹳雀楼》"白日依山尽，黄河入海流。欲穷千里目，更上一层楼"，令世人记住了这座千古名楼。

景区编钟剧场

鹳雀楼"五谷丰登"活动会场

雨中的鹳雀楼

鹳雀楼始建于北周，元初毁于战火，后因黄河泛滥，楼毁景失。为了重现鹳雀楼往日的壮观，经过文物专家、建筑师复原设计，历经5年努力，新鹳雀楼终于在2002年9月26日开始接待游客。如今我们看到的鹳雀楼位于山西省永济市蒲州古城西面的黄河东岸，外形为四檐三层的仿唐风格，内部共6层，总高近74米，为钢筋混凝土建筑，总重量5.8万吨。

鹳雀楼作为山西的著名景观，以其临水远眺的优越位置和历代文人留下的著名诗篇而闻名于世。

◎ 登楼观河山

鹳雀楼因鹳雀栖息而得名，一直是供人们登高望远、极目山河的旅游胜地。

鹳雀楼地处"黄河金三角"区域，可以说是黄河文化的标志和象征。登上近74米高的鹳雀楼，犹如立在半空：天气晴朗时，近处可以看到连绵起伏的中条山山脉，远处可隐约望见奇险壮观的西岳华山；也可以鸟瞰波涛汹涌、奔流不息的黄河，又可以眺望风景秀丽的大地。

鹳雀楼因王之涣的诗而著名，以其壮丽的景色和滚滚而来的黄河水吸引了无数游客到此一游。

/ 观星台

坐标：河南省郑州市登封市
荣誉：世界文化遗产，全国重点文物保护单位
主要景观：观星台、周公测景台、元代大殿等

◎ 观星定中原

提到"天地之中"，很多人第一时间想到的是少林寺，但事实上形成"天地之中"宇宙观最直接、最具说服力的证据是周公测景台和登封观星台。

早在西周时期，周文王第四子周公姬旦通过观测太阳运行轨迹，认为嵩山脚下的阳城（今河南省登封市告成镇）就是天和地的中心。周公在这里立土圭来测影定四时，把正午影子最短的一天定为夏至，最长的一天定为冬至，继而划分春夏秋冬。至唐开元十一年（723年），天文官南宫说奉诏仿周公土圭建观测台，立石圭、石表，命名为"周公测景台"。元代，天文学家郭守敬为修订新历法，在周公测景台20米处建观星台。登封观星台是郭守敬修建的27处观星台中唯一留存下来的，是我国现存最古老的天文台，也是世界上最著名的天文学古建筑物之一。

◎ 精密的天文观测仪器

登封观星台为砖石结构，由覆斗式方形台身和石圭构成。其建筑本身就是一台精密的天文观测仪器：台身底边长约16米，台顶边长约为底边的一半，台高9.46米，连同台顶北边两个小屋通高12.62米；台顶两个小屋中间的凹槽一直延伸到台底石圭；石圭

长约31米，取向与当地子午线十分吻合。观星台的建立反映了古代中国天文技术的高超，是中国天文发展大繁荣的有力见证，也为后来制定准确的《授时历》提供了科学依据。

第二章

博物大观

博物馆以宽广的胸怀容纳穿越千百万年历史的文物，是一个地区的文明缩影，展现了科技发展的变迁。与博物馆对话，览古今盛事。

/ # 中国国家博物馆

坐标：北京市东城区

荣誉：全国古籍重点保护单位

主要景观：基本陈列、专题展览、临时展览等

◎ 百年底蕴

  中国国家博物馆位于北京市中心天安门广场东侧，共7层，48个展厅，建筑面积近20万平方米，是世界上单体建筑面积最大的博物馆。其历史可追溯至1912年设立的国立历史博物馆筹备处。中华人民共和国成立后，国立历史博物馆改名为国立北京历史博物馆，并于1950年3月成立中央革命博物馆筹备处。此后两馆历经分分合合，于2003年合并组建为中国国家博物馆。2007年1月闭馆扩建，2011年3月新馆开放。

  从远古时代到明清时期，从鸦片战争中国沦为半殖民地半封建社会、中国人民奋起反抗、励精图治到基本建成有中国特色的社会主义国家，从贯彻新发展理念、建设现代化经济体系到不忘初心、牢记使命、永远奋斗——中国国家博物馆通过"古代中国""复兴之路""复兴之路新时代部分"三大特色基本陈列展现了中华民族在历史上取得的辉煌成绩和中华文明的生生不息，更突出展现了中华民族顽强的生命力及在党的带领下迈入现代化强国之列的拼搏精神。这些都使得中国国家博物馆成为传承和弘扬中华优秀传统文化，培育和践行社会主义核心价值观的重要根据地。

◎ 历史与现代并重的博物馆

中国国家博物馆不同于故宫博物院的皇家贵气、历史厚重，它以历史文物为基础，不断收集反映革命文化、现当代先进文化的文物和艺术藏品，每年平均向社会征集古代文物约50件（套），近现代文物、实物和艺术品1000余件（套）。截至2020年，中国国家博物馆藏品数量逾140万件，其中不乏三星塔拉玉龙、人面鱼纹彩陶盆、"妇好"青铜鸮尊、四羊青铜方尊等古代文物，更有毛泽东用过的话筒、中华人民共和国的第一面国旗等国史文物。如今，中国国家博物馆不断努力，"贴近实际、贴近生活、贴近群众"，发展成为历史与现代并重的综合性国家博物馆，更是成为中国最值得去的十大博物馆之一。

中国国家博物馆全景

中国科学技术馆

坐标：北京市朝阳区

荣誉：中国唯一的国家级综合性科技馆，中国十大科技旅
　　　游基地之一

主要景观：常设展览、科学乐园、特效影院等

建筑线条

◎ 提升全民科学素质

　　中国科学技术馆南依国家体育场（鸟巢），北望奥林匹克森林公园，在近40年的发展中历经3次工程建设，目前建筑面积为10.2万平方米，其中展览面积4万平方米，展教面积4.88万平方米。其建筑整体是一个体量较大的单体正方体，外形像中国古代的鲁班锁，又像一个巨型魔方，蕴含着解密、探索之意。

　　馆内设有"华夏之光""科学乐园""探索与发现""科技与生活""挑战与未来"5个主题展厅，以探索实践、互动体验的方式，不仅普及古往今来的科学

中国科学技术馆外景

原理及技术应用，而且传播科学思想、科学方法并弘扬科学精神。作为中国第一座大型的全国性科学技术馆，中国科学技术馆一直秉承"弘扬科学精神，普及科学知识，传播科学思想和科学方法"的发展方针，还常年举办各种短期专题展和形式各异的培训、讲座、实验、制作与竞赛等活动，服务观众已经超过5000万人次，并创立发展了"中国流动科技馆""科普大篷车""农村中学科技馆""中国数字科技馆"等科普服务品牌，为中国特色现代科技馆体系奠定了坚实的基础。

◎ 现代电影技术助力科技普及

中国科学技术馆除了主题展厅，还设有球幕影院、巨幕影院、动感影院、4D影院等特效影院，使观众身临其境，领略科技发展的魅力。球幕影院利用世界最先进的真8K数字放映系统，并采用直径30米的半球形银幕和倾斜的座椅来演示天体运动与天文现象。超清绚丽的画质和独特的角度，带给观众置身茫茫宇宙之中的震撼观感。4D播放技术是在3D立体电影的基础上增加了风、雨、气味、震动等环境特效，将视觉、听觉、嗅觉、触觉等有机地融合在一起，使观众仿佛亲身经历一般。这些现代化电影技术使科普更加深入人心，提升了人们的科学素养。

/ # 中国电影博物馆

坐标：北京市朝阳区

荣誉：世界最大的国家级电影专业博物馆，国家一级博物馆

主要景观：外景、展厅

◎ 具有电影特质的博物馆

在北京市朝阳区南影路上矗立着一个巨大的"场记板"，其身后的"黑盒子"就是纪念中国电影诞生100周年的标志性建筑——中国电影博物馆。

中国电影博物馆作为目前世界上最大的国家级电影专业博物馆，其场馆占地面积约3.5万平方米，建筑面积约3.8万平方米，设有21个展厅和对外公共活动区及展示区。

博物馆前的广场

北京国际电影节 10 周年特展

其建筑设计紧紧围绕电影艺术的特质：馆前一道薄薄的银幕划分出艺术与现实的世界，断断续续的斜墙形成了多个进入点，象征着探索电影艺术的各种方式；场馆的黑色基调和巨大的星形穿孔悄然建立起电影制作与波普意象的联系。馆前建筑和场馆主体建筑构筑成的巨大"场记板"，既代表了电影的开始，又揭示了各部门协调运作的开始。夜晚，在灯光和银幕的烘托下，这座艺术圣殿在光影中不断变幻，充满魅力。

◎ 电影大观园

作为国内首家电影领域的国家一级博物馆，中国电影博物馆有藏品4万余件，其中国家一级藏品8件，品种涵盖剧本、胶片、照片、器材、道具、化装用品等十几个大类，堪称中国电影大观园。馆内1层设有"光影抒华章，奋斗新时代"主题展览，展示了中华人民共和国成立以来中国电影的光辉历程和走进新时代的辉煌成就。2层至4层的"百年历程，世纪辉煌"展览，展示了中国电影百年发展历程，展出了不同时期、各个阶段的电影发展和广大电影工作者的重要艺术成就，揭示了电影制作的奥秘。

北京天文馆

坐标：北京市西城区

荣誉：国家AAAA级旅游景区，国家一级博物馆，中国第一座大型天文馆

主要景观：古观象台

◎ 精彩的天文剧场

北京天文馆包含A、B两馆，馆内有"宇宙畅游""宇宙穿梭""宇宙风景"三大方面19个板块的常设天文展览和各种主题的临时展览，依托藏品、模型、声光电系统等向公众宣传普及天文学知识。宇宙剧场、4D剧场、3D剧场3个科普剧场，可同时容纳近千名观众。其中，位于北京天文馆A馆中央的天象厅是我国最早建成的天象厅，也是目前世界上最好的球幕剧场之一。天象厅内部分为4个区域，依托最新型的蔡司九型光学天象仪、世界上分辨率最高的投影机和世界首创的13.1声道立体环绕声系统等设施，立体呈现绚丽多彩的太空，让观众拥有在太阳系穿梭和探索宇宙等身临其境般的精彩体验。

2007年，国际小行星中心发布公告：第59000号小行星永久命名为"北馆星"，即北京天文馆星。这是对北京天文馆的肯定，也将鼓舞北京天文馆日益完善发展。

◎ 历史悠久的古观象台

早在几千年以前，古代中国人就开始对天象进行仔细的观察、研究和记录。而隶属于北京天文馆的北京古观象台则是世界上现存最古老的天文台之一。

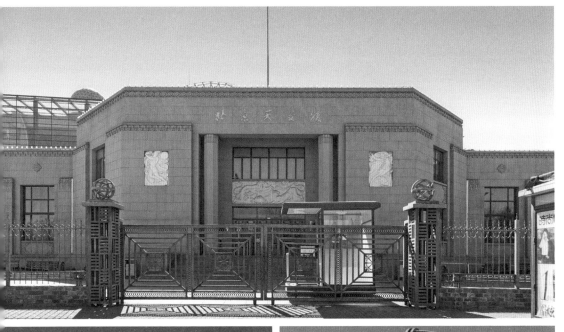

　　北京古观象台始建于明正统七年（1442年），是明清时期皇家天文台，也是当时中西方文化交流的重要场所。历经战火的古观象台，如今院落、观测台依然保存完整。来到古观象台，不但可以观赏到古观象台顶部的8件铸造精湛的清代天文观测仪和院落内陈放的日晷、圭表等古代计时工具，还可以参观"中国星空""西学东渐""灵台仪象"3个展览，了解中国古代天文学成就以及中西方天文学的交流及影响。

　　此外，古观象台还会举办绘画中国古星图比赛、中秋赏月、天文雕版印刷体验等丰富多彩的天文科普活动，让人们体验天文的魅力与乐趣。

1	1. 北京天文馆展厅
2	2. B 馆入口

/ # 陕西历史博物馆

坐标： 陕西省西安市雁塔区

荣誉： 国家AAAA级旅游景区，国家一级博物馆，中国20
世纪建筑遗产，全国中小学生研学实践教育基地

主要景观： 基本陈列、唐代壁画珍品馆等

陶骆驼载乐舞三彩俑

◎ 古都明珠，华夏宝库

悠悠五千年的华夏文明史上曾经有西周、
秦、西汉、隋、唐等13个王朝在西安建都。可
以说西安见证了中国历史上最为辉煌、文明、
开放的时代，其丰富的文化遗存、深厚的文化
积淀，形成了独特的历史文化风貌。而被誉为
"古都明珠，华夏宝库"的陕西历史博物馆就
坐落在这座古城里。

陕西历史博物馆1983年开始筹建，整体建
筑外形以盛唐建筑风貌为主，借鉴了中国宫殿
建筑"太极中央，四面八方"的空间构图理
念，融合了现代化的建筑特色。1991年6月20日
这座现代化的博物馆落成开放，标志着中国博
物馆的发展迈入了新的阶段。

博物馆占地面积6.5万平方米，建筑面积
5.56万平方米，展厅面积1.1万平方米。博物馆

陕西历史博物馆外景

白墙、灰瓦，还有暖色调的琉璃瓦，一点一滴都体现着中华文化的古典与高雅，灰色花岗石贴面的圆形柱子在让人获得传统审美观感的同时，也体现了当代的建筑风格。

◎ 荟萃百万年的华美乐章

这座记录三秦大地文化渊源的博物馆有着基本陈列、专题陈列和临时展览相辅相成、相得益彰的展览系统。

基本陈列"陕西古代文明"分"文明摇篮""赫赫宗周""东方帝国""大汉雄风""冲突融合""盛唐气象""文脉绵长"7个单元，按照历史脉络共展出2000多件（组）文物。蓝田人、大荔人等远古先民留下的简易石器，昭示着中国古人类的起源；西周、秦、汉、魏晋南北朝以及隋、唐等封建王朝的文物展示，从各个方面展现了中国古代社会作为盛世王朝的姿态。陕西历史博物馆文物众多，荟萃了百万年的华美乐章：无论是精美绝伦的青铜器、千姿百态的陶俑、憨态可掬的虎符，还是举世无双的唐墓壁画，都让人流连忘返。

"唐代壁画珍品馆"专题陈列最富特色，展示了唐墓壁画精品近600幅，将兼收并蓄、创新发展的盛唐文化描绘得形象而生动，是研究盛唐贵族乃至整个社会生活的重要资料。馆内配备有自动讲解系统，还制作了《大唐记忆》等影片，可以使游客近距离感受大唐盛世的辉煌灿烂。

三星堆博物馆

坐标： 四川省德阳市广汉市
荣誉： 国家AAAA级旅游景区，全国青少年科技教育基地
主要景观： 综合馆、青铜器馆等

◎ 神游古蜀

　　三星堆遗址是一处距今5000～3000年的"古城、古国、古文化"遗址，被称为20世纪人类最伟大的考古发现之一。依托三星堆遗址建立起来的三星堆博物馆占地面积约33万平方米，整体建筑与历史遗迹、地形地貌及文物造型艺术恰到好处地结合在一起，颇有古蜀神韵。博物馆共有"三星伴月——灿烂的古蜀文明""三星永耀——神秘的青铜王国"两大展馆，展馆中的三星堆文物是最具历史、科学、文化艺术价值和最富观赏性的文物群体之一，是宝贵的人类文化遗产。其中有许多造型离奇诡谲，堪称旷世神品的青铜器物，如高2.62米的青铜大立人、宽1.38米的青铜面具、高3.96米的青铜神树等。除此之外，以流光溢彩的金杖为代表的金器和以满饰图案的玉璋为代表的玉石器，亦为罕见。

　　同时，博物馆在诠释三星堆文物的深刻内涵方面融合知识性、故事性、观赏性、趣味性，集中展示了灿烂无比的三星堆文明，让人身临其境，如同神游故国。第一展馆的建筑为半弧形斜坡生态式建筑，体现了人与自然的和谐发展；第二展馆表现了三星堆文化深厚的历史意蕴，馆外设有仿古祭祀台和表演现代文体活动的大型场地，与展馆建筑互为衬托。

青铜大立人像

1　1. 三星堆博物馆外景
——
2　2. 青铜鸟

◎ 古蜀人智慧与精神的象征

　　三星堆二号祭祀坑出土的Ⅰ号青铜神树通高3.96米。这株铜树铸造极为精细，布局严谨，由底座、树和龙3部分组成，分段铸造，使用了套铸、铆铸、嵌铸等工艺，树干上有象征太阳的花纹，树上有27枚果实、9只鸟和一条造型怪异的"马面龙"。据考证，铜树可能与《山海经》中的扶桑、建木、若木等神树有关系。在古蜀人的眼中，这株巨大的青铜神树是太阳神具象化的物质载体，具有重要的仪式功能。这株神树的出土表明古蜀人的技术水平和精神文明都有极高的发展。

秦始皇帝陵博物院

坐标：陕西省西安市临潼区

荣誉：国家AAAAA级旅游景区，国家一级博物馆

主要景观：兵马俑坑、铜车马展厅、秦始皇陵等

◎ 世界第八大奇迹

作为中国历史上第一位皇帝的陵园，秦始皇陵的规制开创了中国历代皇帝陵寝制度的先例。布局缜密、规模庞大的秦始皇陵主要由地宫、内城、外城和城郊4个层次组成，地宫是秦始皇死后的宫殿，在内城的封土之下，呈"回"字形相互套合的内外两重夯土城垣重现了京城咸阳的宫城和皇城规模。

兵马俑坑是秦始皇陵的陪葬坑，位于秦始皇陵陵园东侧1500米处，目前已发现4座，坐西向东，呈"品"字形排列。兵马俑坑布局合理，结构奇特，无论在数量上、质量上，还是在考古发现上，都是世界罕见的，堪称世界最大的地下军事博物馆，被誉为"世界八大奇迹"之一。

◎ 规模宏大的帝陵博物院

位于陕西省西安市临潼区的秦始皇帝陵博物院是以秦始皇兵马俑博物馆为基础，以骊山园为依托的一座大型遗址博物院。博物院自建成起，游人络绎不绝，每年参观人数超900万人次。

2019年，为纪念秦始皇兵马俑发现45周年和秦始皇兵马俑博物馆开馆40周年，秦始

秦始皇雕塑

皇帝陵博物院创办了大型展览"平天下——秦的统一",以讲故事的方式展示了秦朝之前的历史和秦国后来一统六国的发展脉络及其对后世的影响。

◎ 震惊世人的铜车马

秦始皇兵马俑博物馆于1979年落成,次年12月,考古学家又一次发掘出足以震惊全球的文物——秦铜车马。两架铜车马均为大型彩绘铜车,分别配有1位铜驭手和4匹铜马。尽管历经2000多年的地下岁月,车马上的皮革器具依然完整,金银饰物闪闪发光。

秦人的祖先以养马发迹,秦人与车马也因此结下了浓厚的历史情结,车马也贯穿了秦的历史,为秦的发展做出了不可磨灭的贡献。

两架铜车马的出土使人们能够清楚地看到古代御用车驾的真实面貌,是中国考古史上年代最早、体形最大、保存最完整的青铜车马,成为我们研究秦朝历史不可多得的宝贵文物。

/ # 青岛啤酒博物馆

坐标：山东省青岛市市北区
荣誉：国家一级博物馆，中国首家啤酒博物馆
主要景观：展厅、老电机等

◎ 中国首家啤酒博物馆

青岛啤酒的历史长达百余年，为了让人们能够更好地了解青岛啤酒的百年发展史，青岛啤酒股份有限公司投资2800万元建造青岛啤酒博物馆，博物馆于2003年8月15日青岛啤酒百年华诞之日落成。

青岛啤酒博物馆在原啤酒厂德式老建筑的基础上修建，由著名的啤酒博物馆设计者尼尔森（Nielsen）设计完成。博物馆以尊重历史、再现历史为主旨，是一座集国际性、前瞻性、专业性、趣味性、和谐性于一体的博物馆。博物馆总展出面积为6000余平方米，分为百年历史文化、生产工艺和多功能区3个参观游览区域。在这里不但可以通过场景重现、模拟车间等了解啤酒的生产工艺和啤酒工业的百年发展史，更能品尝到百年老厂提供的香醇青岛啤酒。

青岛啤酒博物馆是中国首家啤酒博物馆，它的建成填补了国内啤酒博物馆的空白。经过17年的不断发展完善，博物馆被评为国家一级博物馆，被游客戏称为"醉美景点"。

◎ 镇馆之宝的百年回响

这片红色老厂房承载了青岛啤酒厂从1903年建立几经变迁的历史，这里展出了当年从德国进口的全套酿酒设备，中国生产使用的最早的糖化锅、煮沸锅、过滤槽、发酵池等老设备。陪伴这些啤酒厂老设备走过百年的是一台西门子电机，这台生产于清光绪二十二年（1896年）的电机是西门子现存历史最久的电机，直到1995年还在使用。得益于一代代啤酒工人的精心照护，这台电机几乎没出现过任何问题，被称为博物馆的镇馆之宝。站在这台安然立于博物馆里的老电机前，闻着百年来被啤酒浸润的老设备发出的隐隐麦香，仿若还能听见这台电机的轰隆声，讲述着它与青岛啤酒跨越一个世纪的情谊。

排列整齐的各种啤酒

/ # 台北故宫博物院

坐标：台湾省台北市士林区
荣誉：中国三大博物馆之一
主要景观：常设展、特展等

翠玉白菜

◎ 30 年也看不完的故宫珍宝

台北故宫博物院又称中山博物院，始建于1962年，总占地面积16万平方米，是台湾地区规模最大的博物馆，也是人们了解中国五千年灿烂文明的好去处。

台北故宫博物院依山傍水，从"天下为公"牌坊进入院区，小桥流水、亭阁相盼、镌刻的先贤书法名句无一不体现出传统园林的精髓。主馆为中式仿宫殿式建筑，共4层：1～3层为展览陈列空间，4层为休憩茶座"三希堂"。据说当时为了珍藏文物而选址山中，建筑采用黄墙绿瓦的自然配色来融入山中。台北故宫博物院的典藏文物汇集了北京故宫、北京圆明园、承德避暑山庄和沈阳故宫的宫廷珍宝，共有约69.8万件（截至2021年1月31日），其中西周的毛公鼎、清

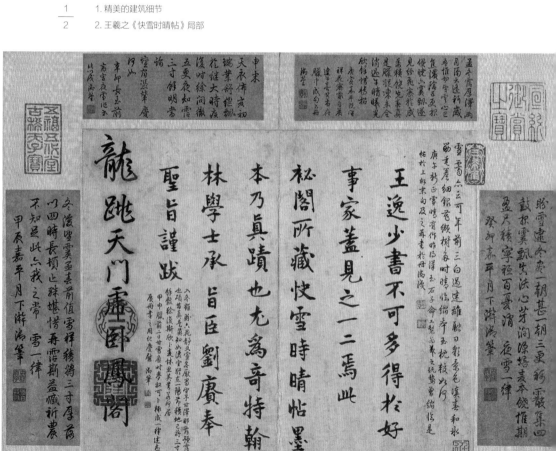

代的翠玉白菜和肉形石是稀世珍宝，被誉为台北故宫博物院的三大镇馆之宝。

经过50多年的发展，借由丰富古籍善本、书法、字画等藏品资源，台北故宫博物院成为研究古代中国艺术史和汉学重镇。此外，为了让更多的藏品与大众见面，台北故宫博物院的展品每3个月更换一次，有人笑称按照这个速度30年也看不完一遍。

◎ 丰富多彩的展览

台北故宫博物院有常设展及特展两种，策划了书画、铜器、瓷器、玉器、漆器、雕刻、善本图书与文献档案等展览，并搭配出版图录或导览手册，让大众一览丰饶的中华文化。其中常设展览依材质、年代等划分为慈悲与智慧——宗教雕塑艺术、院藏清代历史文书珍品、院藏善本古籍选粹、集琼藻——院藏珍玩精华展、笔墨见真章——历代书法选萃、南北故宫——国宝荟萃等20个主题，体现了历代极高的艺术成就，展示了藏品内容的广度与系统性。

同时，台北故宫博物院也积极与国内外单位合作办展，弘扬中华民族的历史与文化艺术价值。

镇馆之宝——毛公鼎

台北故宫博物院外景

第三章

古今碰撞

建筑是容器，文化是内容，这些古老的建筑随着城市的发展被赋予了新的生命力。

大栅栏历史文化街区

坐标：北京市西城区
荣誉：历史文化街区
主要景观：马聚源、内联升、八大祥、四大恒等

◎ 大栅栏的前世今生

大栅栏读作"大石烂儿"，是北京市西城区前门外著名的商业街，兴起于元代，建立于明代，从清代开始繁盛至今。现在，大栅栏泛指大栅栏街、廊房头条、粮食店街、煤市街之间的一片区域。据史料记载，大栅栏的名字起源于明弘治元年（1488年）的"宵禁"，当时为了防止盗贼偷藏在街道小巷中，北京的很多街巷道口都建立了木栅栏。清代时，这里成为主要的商业中心，因栅栏建得比其他地方都大，所以才叫"大栅栏"。清光绪二十五年（1899年），大栅栏的木质栅栏被大火烧毁，从此以后大栅栏只存其名。直到2000年北京市政府在大栅栏街口修建了铁艺栅栏，真正的栅栏才又回到大栅栏。大栅栏重建后依旧繁华，如今已复原至民国初期的风貌。

大栅栏是老北京文化的缩影、精华和起源。老北京有句顺口溜叫"看玩意儿上天桥，买东西到大栅栏"，作为拥有数百年历史的老商业街，大栅栏有瑞蚨祥、马聚源、张一元、内联升、同仁堂等中华老字号。"头顶马聚源，脚蹬内联升，身穿八大祥，腰缠四大恒"说的就是早年间大栅栏的地位和繁华景象，也正因如此，2011年大栅栏被授予全国首个"中华老字号集聚区"的称号。

$\dfrac{1}{2}$

1. 大栅栏牌匾

2. 劝业场巴洛克式屋顶

热闹的大栅栏

◎ 老街焕新生

　　大栅栏在500多年的发展历程中，一直是北京的繁华之地。为了保护这里的众多老字号商铺、庙宇及名人故居等，北京市西城区政府于2011年启动了对大栅栏历史文化街区的更新计划。此次改造北至前门西大街，东至珠宝市街、粮食店街，南至珠市口大街，西至南新华街，总占地面积约126万平方米，涉及居民约2.5万户。

　　改造后的大栅栏商业街焕然一新，全长266米，整条商业街以红窗灰瓦为主色调，朱红色的窗阁牌楼，青砖灰瓦装点的仿古式建筑，整齐清雅的青砖路面，黑底金字的店铺牌匾，这一切使大栅栏商业街多了几分古朴沉稳。改造后的大栅栏不但保留了那些知名的百年老字号，还引入了时尚的新元素，完成了新与旧的完美融合。如今的大栅栏历史文化街区不仅是记录老北京生活的活化石，还是一个生机勃勃的商业街区，更是一个具有国际影响力的文化地标。

天津五大道及周围建筑群

坐标：天津市和平区

荣誉：国家AAAA级旅游景区，万国建筑博览苑

主要景观：马场道、睦南道、先农大院、民园广场、民园
西里、冯国璋故居等

◎ 名副其实的万国建筑博览苑

五大道位于天津市中心城区，东西方向并列有5条街道，分别是常德道、重庆道、大理道、睦南道、马场道，人们称其为"五大道"。而今，"五大道"已经成了天津小洋楼的代名词。五大道拥有20世纪二三十年代建成的具有不同国家建筑风格的花园式房屋2000多座，建筑面积超过100万平方米。在300多座最为典型的建筑中，有89座英式建筑、41座意式建筑、6座法式建筑、4座德式建筑、3座西班牙式建筑，还有众多的文艺复兴式建筑、古典主义建筑、折中主义建筑、巴洛克式建筑、庭院式建筑和中西合璧式建筑等，被称为万国建筑博览苑。从文化的角度来看，五大道是中西文化在近代中国碰撞又融合的典型载体，是天津城市文化开放性的象征，也是近代天津发展史中一座内涵丰富的博物馆。

◎ 中西合璧的城市客厅

民园广场曾是租界里的体育场，如今是五大道最具代表性的地标建筑。民园体育场建于1920年，由英国人埃里克·利迪尔设计，是当时亚洲首屈一指的综合性体育场，曾经举办过多场大型活动和国际体育赛事。中华人民共和国成立后，第一届全国足球比

民园广场

1　　1. 俯瞰五大道

─

2　　2. 观光马车

赛大会就是在民园体育场举办的，从此这里成为天津人民心中的足球圣地。2012年，具有80多年历史的民园体育场被拆除和改建，仅在前门保留了足球雕像。2014年5月1日，民园体育场改建工程正式完成，改建后的民园体育场被称为民园广场。民园广场具有浓郁的古典欧洲体育场的气息，建筑整体呈椭圆形，周围是半封闭的欧式风格的走廊，被称为"中西合璧的城市客厅"，是天津文化旅游的新名片。

鼓浪屿

坐标： 福建省厦门市思明区

荣誉： 国家AAAAA级旅游景区，世界文化遗产，全国重点文物保护单位，中国最美五大城区

主要景观： 日光岩、风琴博物馆、菽庄花园、皓月园、毓园、鼓浪石、船屋等

◎ 万国建筑博物馆

鼓浪屿距离厦门轮渡码头（在中山路商圈）不到1000米，常住人口约2万人。每年约有1000多万名游客来这里旅游观光。鼓浪屿集历史、人文和自然景观于一体，主要景点包括日光岩、风琴博物馆、菽庄花园、皓月园、毓园、鼓浪石、船屋等。2017年7月8日，"鼓浪屿：国际历史社区"被列入《世界遗产名录》。在鸦片战争之前很长一段时间，这里都是人烟稀少的荒岛。直到宋元时期才有了"圆沙洲"这个名字，而"鼓浪屿"这个名

风琴博物馆收藏的诺曼·比尔管风琴

八卦楼

字在明代才被使用。岛上有1000多幢中外风格各异的别墅，大多是20世纪二三十年代建造的，所以鼓浪屿又被称为"万国建筑博物馆"。在这里，西洋建筑最集中的是轮渡码头附近的鹿礁路一带，现在已开发成岛上的商业区，也是岛上最热闹的地方。

◎ 世界上最大的风琴博物馆

风琴博物馆位于鼓浪屿西北部的八卦楼，它是目前中国唯一的风琴博物馆，也是世界上最大的风琴博物馆。八卦楼的建筑是红色的屋顶，白色的墙壁，拱形的门窗，圆顶有八道楼线置于八边形的平台上，因此被称为"八卦楼"。八卦楼建筑艺术精美，是厦门近代建筑的代表，也是鼓浪屿的标志性建筑。风琴博物馆里展出的琴都是旅澳华人胡友义先生一生最珍贵的藏品。目前博物馆的藏品有30多架簧片风琴、手风琴、口风琴及3架大型管风琴。其中最大的一架管风琴高10米，有2000多根风管，最长的有6米。博物馆里除了管风琴，还展出了欧洲街头艺人使用的手风琴、显示主人身份的自动风琴、带镜子的风琴和带烛台的风琴等，这是一座全世界音乐爱好者都向往的博物馆。

$\dfrac{1}{2}$ 　1. 风琴博物馆特色转梯

　2. 菽庄花园

海口骑楼老街

坐标：海南省海口市
荣誉：中国历史文化名街
主要景观：骑楼、老街

◎ 历史沿革的骑楼建筑

　　海口骑楼老街，是海口市最有特色的街景之一。海口市得胜沙路、中山路、博爱路、新华路、解放路、长堤路等老街区分布着始建于19世纪末的南洋风格柱廊式骑楼，其中最古老的建筑至今已有600多年的历史。骑楼之所以叫骑楼，其名称来自楼屋建筑的风格，骑楼一般是临街而建，上楼下廊。上面是人们居住的房屋，下面是柱廊式人行过道。楼屋建筑排成一排，在道路两侧形成一条长长的走廊，可以遮阳避雨。这里的每一座楼都有自己的特色，包括文艺复兴式、巴洛克式和南洋式等风格，以及装饰有精美墙壁雕刻和木格窗的中式风格。历史上有13个国家在这里开设过领事馆、教堂、邮局、银行、商会等。老街有中国共产党琼崖一大会址、中山纪念堂，还有西天庙、天后宫、武胜庙和冼太夫人庙等庙宇。现在的骑楼大多是20世纪初从南洋回来的华侨根据当时的南洋建筑风格所建造的，既有浓厚的中国古代传统建筑特色，又有对西方建筑的模仿，还融入了南洋建筑文化及装饰风格，是海口一道独特的风景。

◎ 海口的百年传奇——"五层楼"

　　得胜沙路上的"五层楼"是海口骑楼老街建筑群中特别耀眼的一栋，不仅因为它

1
—
2

1. 梨园
2. 南洋风格的建筑细节

长期占据海口第一高楼的位置，还因为它牵动了无数海南人的情思。"五层楼"始建于1935年，海南文昌铺前人吴坤浓是这栋大楼的主人，他用从南洋运回来的石料、木材修建了"五层楼"。直到1970年华侨大厦建成后，才结束了"五层楼"作为海口最高楼的历史。"骑楼林立，商贾络绎，烟火稠密"是当时海口市繁荣的真实写照。"五层楼"白色西式的雕花仍然保留着过去的景象，在有些暗淡的走廊上隐约可见其当年的豪华和精致。它既是海口当年的豪华酒店，也是舞厅、影院、咖啡馆等综合娱乐场所。出入于此的达官贵人、军政要人、华侨商贾和本地时髦青年一起，构成了这栋大楼共同的传奇。

澳门历史文化城区

坐标：澳门特别行政区

荣誉：世界文化遗产

主要景观：妈阁庙、港务局大楼、郑家大屋、圣老楞佐教堂、岗顶剧院、民政总署大楼、三街会馆、仁慈堂大楼、玫瑰堂、大三巴牌坊等

◎ "华洋杂居"的国际城市

澳门历史文化城区由22座位于澳门半岛的建筑物和8个相邻的前地组成，是中国历史最悠久、规模最大、保存最完好、最集中的东西方风格共存的建筑群，包括古老的教堂遗址和修道院、古老的西式炮台建筑群、第一座西式剧院、第一座现代化灯塔和第一所西式大学等，还有岭南风格的庙宇、清末富商的院落等。以老城区为中心的澳门历史文化街区保存了澳门400多年中西文化交流的历史精髓，被联合国教科文组织列为世界文化遗产。

◎ 城中亮点——东望洋灯塔

东望洋灯塔始建于清同治三年（1864年），是中国沿海地区最古老的现代灯塔，于2005年作为澳门历史文化城区的一部分被列入《世界遗产名录》。东望洋灯塔旧称松山灯塔，位于中国澳门半岛最高峰东望洋山山顶，是东望洋山的三大名胜古迹之一。

灯塔内部展出了澳门各个时代使用的航标和灯号系统，还有图文并茂的展览板，不仅展现了东望洋灯塔的历史及其发挥的作用，更解构了东望洋灯塔照明和转动系统的运作原理，以及系统在各个时期的技术发展历程。如今，灯塔的导航使命已经圆满

1
———
2 | 3

1. 大三巴牌坊
2. 妈阁庙
3. 东望洋灯塔

结束，但在晴朗的夜晚，以灯塔为圆心半径10千米的范围内依然可以看到灯塔射出的灯光。在灯塔附近，还可以见到台风信号的标记。每当刮台风时，气象局就会在灯塔上悬挂相应的台风信号标记，提醒市民做好防护准备，东望洋灯塔如今已成为这里的守护者。

成都宽窄巷子

坐标：四川省成都市青羊区

荣誉：国家AA级旅游景区，中国特色商业步行街，四川省历史文化名街，四川十大最美街道

主要景观：宽巷子、窄巷子、井巷子、拴马石等

◎ 成都仅存的清代古街道

宽窄巷子是成都唯一遗留下来的较成规模的清代古街道，如今已成为老成都的生活缩影。宽窄巷子位于成都市青羊区长顺街附近，由宽巷子、窄巷子、井巷子平行排列组成，全为青砖黛瓦的仿古四合院落，与大慈寺、文殊院并称为成都三大历史文化名城

清晨的宽窄巷子

保护街区。宽巷子，在清宣统年间叫兴仁胡同，有很多老门头和茶馆，大部分都是之前的老建筑改造而成的，不过还有很多老院子仍为私人住宅。窄巷子大部分都是清末民初的建筑，还有一些教会留下的西洋风格的建筑。宽巷子、窄巷子两条相邻的窄小街道好似古老而新兴的成都的命脉，串联起这座城市的血脉渊源。井巷子，紧邻窄巷子南面，清代名为如意胡同、明德胡同，辛亥革命后改名井巷子。井巷子仅在路北侧复原或保留了原建筑，南侧则建了一段约400米长的《砖》历史文化景观墙。宽窄巷子作为过去历史的根脉，成都人得以通过它追溯老成都的文化、习俗、城市发展的脉络。

◎ 演绎了百年历史的《砖》历史文化景观墙

井巷子的《砖》历史文化景观墙，以立体垒砌、二维半片墙的形式，向人们讲述着成都的历史变迁与沧桑。据说当年居住在井巷子的人多为仆人、家丁，所以房屋比较破旧，时过境迁，如今的井巷子只有半条街，所以因地制宜地打造了国内唯一以砖为载体的博物馆，也就是《砖》历史文化景观墙。一块块不同历史断面的旧砖，经过艺术的创作，垒砌成台、城、壁、道、碑、门等成都的历史文化片段，阐述着千年成都的变迁。这段《砖》历史文化景观墙，从"宝墩遗城、金沙竹泥"到"羊子土坯、秦筑城郭"，再从"汉砖遗风、唐建罗城"到"宋砖古道、明末毁城"，展示了成都的沧桑历史。《砖》历史文化景观墙还征集精选了许多老照片，以一种虚实结合、半嵌入的立体形式一一呈现。这些充满生活气息的老照片，犹如一幅长长的市井生活画卷，还原了地道老成都的生活状态。

《砖》历史文化景观墙

1
—
2

1. 恺庐大门
2. 随处可见的精美砖雕

三坊七巷

坐标：福建省福州市鼓楼区

荣誉：国家AAAAA级旅游景区，中国十大历史文化名
街，中国城市里坊制度活化石，中国明清建筑博
物馆

主要景观：衣锦坊、文儒坊、光禄坊、杨桥巷、林觉民故
居、冰心故居、小黄楼、水榭戏台、林则徐纪
念馆等

◎ 弹丸之地尽显近代风云

三坊七巷自晋代形成起，便是贵族和士大夫的聚居地，清代至民国走向辉煌。三
坊七巷由三个坊、七条巷和一条中轴街肆组成，分别是衣锦坊、文儒坊、光禄坊、杨桥
巷、郎官巷、塔巷、黄巷、安民巷、宫巷、吉庇巷和南后街，因此自古就被称为"三坊
七巷"。三坊七巷是中国现存唯一的坊巷格局古城区，千百年来，这里汇聚众多钟鸣鼎
食之家。绝少有地方能像福州的三坊七巷一样，随便一脚踏下去，你的脚印就可能和某
一位风云人物的足迹重合。这里走出了近代中国开眼看世界第一人林则徐、中国近代海
军的创始人沈葆桢、翻译《天演论》的启蒙思想家严复、黄花岗七十二烈士之一林觉
民、中国报界先驱林白水……这些有重要影响的人物以他们的强国梦想和跌宕起伏的命
运，让这片弹丸之地和整个中国的近代风云历史紧紧联系在一起，焕发异彩。

◎ "衣锦还乡"的衣锦坊

衣锦坊位于南后街西侧，居三坊七巷之三坊最北端，与黄巷相对，东西走向，全
长395米，宽4～5.5米。衣锦坊原为石板路面，1968年东段改铺三合土，西段铺规格
石；1978年东段改铺沥青路面；1984年在坊东口建牌坊，高6.5米，宽4米。

水榭戏台

　　衣锦坊是"三坊"中的第一坊，最早的名字叫"通潮巷"，因为这个地方是水网地区，西湖、南湖的潮水可以通到这个坊巷的沟渠里去。这让人联想到宋代福州"百货随潮船入市，千家沽酒户垂帘"的盛况。衣锦坊宋初改称棣锦坊，宣和年间又改名禄锦坊，淳熙年间进士王益详退归故里后，改禄锦坊为衣锦坊。此后，坊里还出了明代都御史林廷玉、进士郑鹏程等，后来他们先后荣归故里，"衣锦坊"的坊名也一直沿用了下来，人们取其"衣锦还乡"之意。无论是"禄锦"还是"衣锦"，其实都是说坊内有人在外做官，之后衣锦还乡，荣耀乡里。

民居鸟瞰

/ # 洪崖洞

坐标：重庆市渝中区

荣誉：国家AAAA级旅游景区，成渝十大文旅新地标

主要景观：洪崖滴翠、两江汇流、吊脚楼群、巴渝风情街、洪崖群雕等

◎ 吊脚楼里的洪崖洞

　　洪崖洞以传统民居式建筑吊脚楼，集中体现了2300多年巴渝文化的精髓。重庆城曾有"九开八闭"17道城门，洪崖洞原名洪崖门，是古重庆城门之一。20世纪20年代，洪崖门被拆除，但因悬崖太陡，又没有连接城内外的路，于是人们就在悬崖上开出一条小路，方便进出。洪崖洞下是镇江寺和纸盐河街，这一带都是码头，非常热闹，于是在

洪崖洞局部

洪崖洞夜景

洪崖洞两侧的悬崖下就建起一排排吊脚楼，层层叠叠，错落有致，成为重庆特有的风景。这些民居直到1997年前后依然存在。如今，崖壁上还保留着很多直径20厘米左右的孔洞，据了解，这些孔洞是当时支撑吊脚楼木桩的洞穴。作家张恨水在《说重庆》一书中，将重庆的吊脚楼称为"世界上最奇怪的建筑"；中国科学院院士、中国建筑大师齐康赞吊脚楼为"世界一绝"。吊脚楼是重庆历史的产物，更代表了重庆的城市风貌和人文精神。

◎ 别样的巴渝风情

洪崖洞主要有"四街八景"。"四街"指的是纸盐河动感酒吧街、天成巷巴渝风情街、洪崖洞盛宴美食街、城市阳台异域风情街；"八景"指的是洪崖滴翠、两江汇流、吊脚楼群、洪崖群雕、城市阳台、巴文化柱、滨江好吃街、嘉陵夕照。巴渝风情街位于渝中区沧白路，长江、嘉陵江两江交汇的滨江地带，以具有巴渝传统建筑特色的吊脚楼为主体，依山就势，沿江而建。它在洪崖洞第一层，主要展示时尚潮流。巴渝风情街以2300年前的巴渝盛景为载体，展示了当时盛行于世的青砖、红檐、绿瓦的古典民居。穿行其中，街两旁的特色工艺品店内，各种各样的木雕、石刻、玉石、丝绸制品让人爱不释手，巴渝风情使重庆这座山城有了与众不同的城市名片。

云天宫

坐标：广西壮族自治区玉林市玉州区
荣誉：国家AAAA级旅游景区
主要景观：神木、雕塑、云天文化城等

金鸡雕塑

◎ 堪比布达拉宫的地标建筑

广西玉林的云天宫，被誉为"广西布达拉宫"。它坐落在玉林南流江畔，占地面积约4.6万平方米，主体建筑共21层，高108米。在主楼的正中央，还有一座高30米、重660吨的巨型铜佛像，号称"东南亚第一大铜佛"，同时还有世界上最大的金鸡、铜龟、金线吊葫芦等雕塑。整座云天宫几乎一步一景，其建筑总面积14万平方米，房间1100间，如同一座由亭台水榭、雕梁画栋组成的巨大奇美的迷宫，人行其中如坠万花迷境。它集合了皇家园林与私家园林之所长，既有帝王家的金碧辉煌、庄严恢宏，又有小桥流水的安雅宁谧、静水流深，二者相互融合，构成独一无二的园林奇景。除此之外，云天宫群龙荟萃的景象也十分震撼人心，里外上下无不有飞龙腾跃，且形态各异，蟠龙、蛟龙、烛龙、应龙等不一而足，

无不形神兼备，栩栩如生，身附石柱之上，犹见不怒自威之势。如今，云天宫已经成为玉林市的形象和区域标志，代表了一种文化底蕴，同时也深受广大游客的喜爱，是充满神秘色彩的文化旅游景区。

◎ 看尽中国上下五千年的雕塑

作为全国单体建筑第一的云天宫，不但规模宏大，建筑雄伟，还是一个展现中国上下五千年历史的文化中心。云天宫里汇集了世界各地数千种巨木、玉石雕塑及珍宝等，展现了中华民族历史文化的博大精深。还有楼梯上600多块青石栏板，也用浮雕展现了许多的神话传说、历史故事、民间典故等。

云天宫里的展览主要包括雕塑艺术品展馆、民俗文化博物馆、奇珍异宝及国宝展示区三大部分。其中雕塑作品分为三大系列：石雕、木雕及铸铜。每一件雕塑作品，都包含着许多感人至深的故事，都凝结着两岸同根的深情，都体现着两岸艺术家和民间工匠们对中华民族文化的无比热爱及对艺术境界的至高追求。有座石雕叫作《凤凰来仪》，重达35吨，材料采用的是福建的青斗石，凤凰作为传说中的百鸟之王，是吉祥的征兆。还有一个巨型的铜制金鸡雕塑，在耀眼的阳光下格外引人注目，整个金鸡雕塑高5.6米，造型巨大，只能仰望。金鸡的脚底下踩着一个大大的圆形底座，上面有龙凤的雕刻，底座上面围绕着几个广西、贵州少数民族地区非常常见的铜鼓，寓意"五谷（鼓）丰登"。

河坊街

坐标： 浙江省杭州市上城区

荣誉： 杭州历史文化街区

主要景观： 胡雪岩故居、朱炳仁铜雕艺术博物馆、中华老
　　　　　　字号店铺（孔凤春香粉店、张小泉剪刀、胡庆
　　　　　　余堂、保和堂、方回春堂等）

◎ 皇城根外第一街

　　河坊街，是一条有着悠久历史和深厚文化底蕴的古街。古街早在隋代就已成形，南宋时因为处于宫廷宫墙城门之外，被称为皇城根外第一街，更是南宋的文化中心和经贸中心，极其繁华和热闹。自1999年整修后，杭州市政府将河坊街打造成了一条仿古商贸旅游步行街，街两侧的房子都是统一的木质结构、青瓦片，显得古色古香。为了展现明清时期的古风，街上开了许多的古董店、布艺店等小商铺，店家也会身着古代服饰来招揽生意。徜徉河坊街，或许你会遇到"皇帝""公主"……还有特色小吃、民间艺人的绝活等，河坊街再现了"自古钱塘繁华"的盛景。河坊街还有鼓楼、清河坊民俗博物馆、吴山等景点景区供游人参观游览。如今，这里已成为杭州最受欢迎的旅游观光胜地和颇具特色的历史商业街。

◎ 街中百年老药铺——胡庆余堂

　　在河坊街走一走，能够尽览杭州明清时期的市井全貌。明朝的江南大才子徐渭曾称赞河坊街："八百里湖山知是何年图画，十万家烟火尽归此处楼台。"原汁原味的古建筑，纵横交错的古街道，无一不给河坊街增添了历史风韵。河坊街虽不长，街道中却

1
2 | 3

1. 清晨街景
2. 朱炳仁铜雕艺术博物馆
3. 胡庆余堂内堂

布满羊肠小道，让游客可以随意穿梭到大井巷、后市街、高银街、安荣巷、打铜巷等老街巷，一览隐藏其中的老铺、老屋和古迹。河坊街有很多的百年药铺，如胡庆余堂、方回春堂、保和堂等，但最有名气的要数胡庆余堂，高墙上镏金的3个大字让人们远远地就能看到这古朴典雅的建筑。胡庆余堂是胡雪岩在清同治十三年（1874年）创建的药号，药铺极具江南风情，门额、梁柱上的雕刻栩栩如生，据说胡雪岩请了当时最有名望的建筑师，花了30多万两白银，打造了这个堪称博取江南建筑园林特色的药铺。

$\dfrac{1}{2}$　1. 河坊街仿古灯柱
　　2. 胡雪岩故居

/ # 屯溪老街

坐标：安徽省黄山市屯溪区
荣誉：中国历史文化名街
主要景观：屯溪博物馆、万粹楼、程氏三宅等

◎ 最具徽州韵味的历史文化名街

屯溪老街坐落在黄山市的中心地段，是由新安江、横江、率水三江汇流之地的一个水埠码头发展起来的，依山傍水。屯溪老街历史悠久，从宋代到清代，一直都是徽州的物资集散地。屯溪老街的形成和发展，与宋高宗移都临安（今杭州）有着密不可分的联系。宋高宗移都临安后，徽商在家乡建造了带有宋都风格的建筑，故屯溪老街被称为"宋城"。至明清时期，屯溪老街商铺众多，"紫云馆""同德仁""程德馨"……茶号、钱庄、酒楼、药铺、酱园一应俱全，市场相当繁荣。整条老街全长1272米，其核心段东起青春巷，西至镇海桥，长830多米，包括1条直街、3条横街和18条小巷，由不同年代建成的300余幢徽派建筑构成。整条老街有大大小小的店铺300余家，主要以经营文房四宝、徽菜、土特产为主。其中"老字号"60多家，如同德仁、茂槐、老福春、汲古轩、艺林阁、徽宝斋等老店。漫步老街，徽墨、歙砚、徽漆和宣纸随处可见。红褐色的麻石街道、砖木结构的老屋古宅、雕龙画凤的窗棂门楣，无不体现着徽匠精湛的技艺。屯溪老街上的万粹楼、程氏三宅等诸多古建筑，集中体现了徽州文化的韵味。

徽派建筑——马头墙

◎ "舌尖上"的屯溪老街

　　屯溪老街是黄山历史上最具商业价值的老街，很多历史悠久的徽菜馆和当地小吃店都会在这里落户，因此这里成为品尝徽菜最好的地方。走在屯溪老街，不仅可以感受徽州文化，还可以品尝特色美食。屯溪老街最常见的小吃是毛豆腐、黄山烧饼和芡实糕。毛豆腐因《舌尖上的中国》而闻名，受欢迎程度与臭鳜鱼不相上下；黄山烧饼入口脆而甜。

　　黄山烧饼又叫"蟹壳黄烧饼""救驾烧饼"。关于"救驾烧饼"这个名称的由来，还有一个故事。传说在元至正十七年（1357年），朱元璋兵败来到徽州（今属安徽黄山市）一农家避难。当时肚子饥饿难当，这家主人便拿出平日爱吃的烧饼给朱元璋充饥，他吃得满口生香，大为赞赏。元至正二十八年（1368年）朱元璋称帝，但他没有忘记这家农户的救命之恩，说这个烧饼也算是救驾有功，就将它封为"救驾烧饼"吧。

 / 八大关

坐标：山东省青岛市市南区

荣誉：中国历史文化名街，"万国建筑博览会"

主要景观：花石楼、山海关路1号、元帅楼、韩复榘别墅、宋家花园等

◎ 异域风情下的青岛屈辱史

八大关是首批中国历史文化名街之一，该地区包括超过8条以"关"命名的街道，其间分布着众多的欧式古典建筑，少数建于德国租界时期（1897—1914年），绝大部分兴建于20世纪30年代。花石楼是这里最著名的一座建筑，建于1906年，位于八大关太平角的第二海水浴场，最初是德国总督的夏季狩猎别墅。清朝末年，此地隶属于即墨仁化乡文峰社，1897年德国以曹州教案为借口派兵强占胶州湾（今青岛），1898年德国又强迫清政府签订《胶澳租界条约》，胶州湾成为德国租界。八大关有俄国、英国、法国、德国、美国、丹麦、希腊、西班牙、瑞士、日本等20多个国家的建筑。西部是线条明快的美式建筑东海饭店；靠近第二海水浴场的是1949年后新建的汇泉小礼堂，采用青岛特产的花岗岩建造，色彩雅致，造型庄重美观；再加上一幢幢别具匠心的小别墅，使八大关享有"万国建筑博览会"的美誉。

◎ 城市与自然的完美融合

八大关将公园与庭院融合在一起，到处是郁郁葱葱的树木，盛开的鲜花。10条马路的行道树品种各异，如韶关路全植碧桃，春季开花，粉红如带；正阳关路遍种紫薇，

夏天盛开，香气扑鼻；居庸关路是五角枫，秋季霜染枫红，平添美色；紫荆关路两侧是成排的雪松，四季常青；宁武关路则是海棠，从春初到秋末花开不断，被誉为"花街"。同时，路与路之间顺应地势，开辟了大大小小数十处公共园林，形成一种自由的环境空间，给人一种峰回路转、曲径通幽的感觉。近些年来，在八大关东北角又新植了一片桃林，成为人们春季踏青赏花的又一好去处。西南角则绿柏夹道，成双的绿柏隔成了一个个"包厢"，为许多情侣所钟爱，因此这里又被称为"爱情角"。"尊重自然、契合地景"是一个基本法则，由此而形成了八大关一种不可复制的艺术美感。八大关将建筑与园林一体化体现得淋漓尽致，成为一个不可复制的范本。

花石楼全景

第四章

繁华轨迹

现代化的建筑有着最前沿的设计风格，记录着城市发展繁荣的轨迹，反映了一座城市的文明程度。

/ # 北京中信大厦

坐标：北京市朝阳区
荣誉："中国当代十大建筑"之一
主要景观：顶部观光区域

月夜下的中国尊

◎ 北京新地标

　　北京中信大厦，又名中国尊，是中国中信集团总部大楼，位于北京比较繁华的地段，占地面积11478平方米，从初建到建成耗时5年，创下了多项世界之最和中国之最。2017年8月21日，随着中信集团前董事长常振明宣布中国尊封顶，北京第一高楼——528米的中国尊正式诞生！中国尊的建筑使用的钢构件总量超过了14万吨，这也是国内高强度钢材用量最大、比例最高的建筑。这座大楼不同于一般的摩天大楼，能耗也比一般的大楼要少，而且大楼的内部一共有139部电梯，从第一层到达顶层所需时间仅1分钟，科学合理的设置为进出这座大楼的人们缩短了不少时间。除此之外，中国尊的电梯提升速度也是全球提升速度最快的。登上中国尊的顶部，可以360度俯瞰北京城。在这里，

中国尊近景

可以在云端好好欣赏脚下的无限风光，体味一番"不敢高声语，恐惊天上人"的意境。

◎ 古之礼器"尊"的造型与装饰

中国尊，一个蕴含东方文化的名字，它的灵感取自中国古代的传统礼器——尊。

尊乃古之盛酒礼器，历代形制不一，用于祭祀或宴享宾客之礼。中国尊以尊为建筑形态，有别于北京超高层建筑常见的直线形态，体现了庄重的东方神韵。中国尊高528米，地上108层，地下7层。其自下而上的菱形肌理，源于中国传统器皿之一——竹器，中国人将竹比作君子，淡雅有气节。建筑顶部的空间设计取自"孔明灯"的形态意向，呈冉冉上升之态。外形自下而上自然缩小，形成稳重大气的形象，同时顶部逐渐放大，最终形成中部略有收分的双曲线建筑造型。因北京离环太平洋火山地震带非常近，所以中国尊的抗震设防烈度达到了8度，远远高于上海、深圳等大城市的同等规格的建筑。2014年6月8日，中国尊被评选为"中国当代十大建筑"之一。

/ # 银河 SOHO

坐标：北京市东城区
荣誉：英国皇家建筑师协会RIBA国际优秀建筑奖
主要景观：夜景

◎ 流动的银河星系

在北京东二环朝阳门地区，这个自带历史滤镜的地方，坐落着极富未来感的建筑——银河SOHO。建筑大师扎哈·哈迪德的神来之笔让它成为"网红"打卡地。银河SOHO总建筑面积33万平方米，内部是一个商业中心和办公空间，无论是吃喝玩乐，还是购物休闲，都十分便利。

银河SOHO于2012年建成，是扎哈·哈迪德留给世界的又一个极具代表性的经典之作。2008年，这个设计概念刚刚诞生的时候，很多人都认为这个设计理念非常前卫，它将会引领世界潮流。2013年，银河SOHO荣获了英国皇家建筑师协会RIBA国际优秀建筑奖、最佳公共空间奖。它的内部空间反映了中国传统建筑连续开放的庭院设计，每栋建筑在从下至上的不同层面的各个方向展开，是一个360度的建筑世界。当夜幕降临，流线型的白色铝带和玻璃，无杂质的白色灯光，让整个建筑充满不安定的运动感，仿佛宇宙之中流动的银河。

◎ 将绿色建筑理念贯穿到底

银河SOHO的设计灵感来自于大自然，4个连续流动的形体通过桥梁连接在一起，

1/2

1. 银河 SOHO 全景
2. 建筑流动的线条

彼此协调，成为一个无死角的流动性组合，是重新诠释传统城市结构和当代生活模式的
一个完美的城市景观。银河SOHO使用了多项绿色建筑的先进技术，如高性能的幕墙系
统、日光采集、百分之百的地下停车、污水循环利用、高效率的采暖与空调系统、无氟
氯化碳的制冷方式以及优质的建筑自动化体系等。设计师将建筑的主体分割为4座不同
高度的流线型不对称圆顶建筑，这样的设计能保证室内最深处也有充足的光线，增加日
光的采集，达到节能的效果。银河SOHO的光照设计采用光源漫反射的方式，将光打到
建筑墙体上，仿佛整个建筑都会发光。

东方明珠广播电视塔

坐标： 上海市浦东新区

荣誉： 国家AAAAA级旅游景区

主要景观： 太空舱、旋转餐厅、上海城市历史发展陈列馆等

◎ 黄浦江畔的璀璨明珠

东方明珠广播电视塔坐落于黄浦江畔、浦东新区陆家嘴，是上海的标志性文化景观之一。它曾经以468米的高度成为中国第一高塔，卓然矗立于陆家嘴地区现代化建筑楼群中，与隔江的外滩"万国建筑博览群"交相辉映，展现了国际大都市的壮观景色。

东方明珠广播电视塔11个大小不一、错落有致的球体晶莹夺目，从蔚蓝的天空串联到如茵的草地，描绘出一幅"大珠小珠落玉盘"的如梦画卷。其主干是3根直径9米，高287米的空心擎天大柱，大柱间用6米高的横梁连接；塔身具有较强的稳定性，其设计抗震标准为"7级不动，8级不裂，9级不倒"。东方明珠广播电视塔每年接待中外游客280多万人次，凭借其穿梭于3根直径9米的擎天立柱之中的高速电梯，以及悬空于立柱之间的世界首部360度全透明三轨观光电梯，让每一位游客充分领略现代技术带来的无限风光。东方明珠广播电视塔各观光层柜台里摆放着1000多款造型独特、制作精美的旅游纪念品，令人目不暇接、流连忘返。东方明珠广播电视塔的发射天线桅杆长110米，具有发射9套电视和10套调频广播节目的能力，能够覆盖整个上海市及邻近省份80千米半径范围内的地区，建成后大幅度提高了广播电视的收听收视质量。

东方明珠广播电视塔近景

东方明珠广播电视塔夜景

◎ 上海城市历史发展陈列馆

上海城市历史发展陈列馆位于东方明珠广播电视塔的零米大厅内，是上海历史博物馆筹建的一家专门介绍上海近代发展历史的史志性博物馆。陈列馆展示面积1万多平方米，分"马车春秋""华亭渊源""城厢风貌""开埠掠影""十里洋场""海上旧踪""建筑博览"7个部分，按照时间顺序展示近代上海在生活、政治、经济等各个方面的历史演变。

漫步在陈列馆中，犹如进入"时光隧道"，这里有1500多件文物和100多个蜡像及各种模型，通过声光电等先进的展示技术有机地融合在一起，每走过一个展馆就像穿越一个时代。如今，体现申城百年沧桑的上海城市历史发展陈列馆与现代化的东方明珠广播电视塔交相辉映，成为上海一大人文景点。

上海城市历史发展陈列馆——民国时期生活场景

/ # 重庆市人民大礼堂

坐标：重庆市渝中区
荣誉：中国20世纪建筑遗产，重庆十大文化符号
主要景观：人民广场、人民大礼堂等

◎ 应运而生的重庆市人民大礼堂

关于重庆的标志性建筑，不熟悉的外地游客以为是洪崖洞，对重庆略有了解的人以为是解放碑，而论及建筑的宏伟壮观和文化底蕴，那一定是重庆市人民大礼堂。在中华人民共和国成立之后，重庆市成了西南地区的政治和文化中心，为了能够获得更好的发展，同时也表明能够带领大家共同走向辉煌，它需要一座兼具标志性和实用性的建筑。1951年春，时任西南军政委员会主要领导人的邓小平、贺龙和刘伯承为解决几千人同时集会的问题，把大礼堂的建设方案提上了议程。委员会找来了著名建筑师张家德，由他担任大礼堂的总设计师和总工程师。经过一番研究，最终大家确定的方案是，将北京天坛和天安门两处建筑的特点进行融合，再加上一些独特的设计，从而打造出中国传统宫殿建筑风格，建筑主体部分参照天坛祈年殿的设计，而南北两翼的长楼则参照天安门城楼的设计。大礼堂于1951年6月破土动工，1954年4月竣工，建筑总高度为65米，其中礼堂高55米，内有5层，可容纳3400余人，顶层为空调的出风口。如今，气势恢宏的重庆市人民大礼堂敞开胸怀接纳各方游客及演出盛事，成为重庆与世界人民进行文化和友谊交流的名片。

◎ 别具一格的仿古建筑群

　　2007年5月，历时9个月、耗资7000万元的重庆市人民大礼堂整修竣工，室内"金顶"共用了26万张金片，每张金片价值10元。琉璃瓦的颜色由原来的绿色变成了孔雀蓝。此次整修的另一大变化就是让万字纹重新回到了椽子的彩绘中，而以前的葵花样式被放弃。彩绘设计为金龙和玺彩画纹饰，此种彩画属于古建彩画的最高等级，其最大的特点便是用金色和青绿底色形成强烈的反差效果，在一片凝碧的底色上面，遍绘耀眼的金色纹饰，把建筑点缀得金碧辉煌。

　　大礼堂具有明清两代的建筑特色，其主要特点是采用中轴线对称的传统风格，配以柱廊式的双翼，并以塔楼收尾，立面比例匀称。建筑为琉璃瓦顶，大红廊杆，白色栏杆，色彩鲜艳，对比强烈；重檐斗拱，雕梁画栋，金碧辉煌，雄伟壮观，是继北京故宫和沈阳故宫后又一座精美奇巧的东方建筑。作为独具特色的标志性建筑，如今的重庆市人民大礼堂已经享誉世界，成为重庆响当当的名片。

重庆市人民大礼堂夜景

$\dfrac{1}{2}$

1. 室内剧场穹顶建筑装饰

2. 牌坊建筑细节

/ 广州塔

坐标：广东省广州市海珠区

荣誉：国家AAAA级旅游景区，中国第一高塔

主要景观：旋转餐厅、488米摄影观景平台、摩天轮、蜘蛛侠栈道、极速云霄、科普游览厅等

◎ 包罗万象的"小蛮腰"

　　造型独特的广州塔犹如一颗璀璨的明珠屹立在珠江边，别看它"身材苗条"，塔内却配备了丰富的休闲娱乐设施。广州塔又称广州新电视塔，昵称"小蛮腰"，是"羊城新八景"之一；位于广州市海珠区赤岗塔附近，与海心沙岛、珠江新城隔江相望。塔身主体高450米（塔顶观光平台最高处454米），天线桅杆高150米，总高度600米，是国家AAAA级旅游景区及世界高塔联盟成员。广州塔塔身168~334.4米处设有"蜘蛛侠栈道"，是世界最高最长的空中漫步云梯。塔身423米处设有旋转餐厅，是世界最高的旋转餐厅。塔身顶部450～454米处设有摩天轮，是世界最高的摩天轮。天线桅杆455～485米处设有"极速云霄"速降游乐项目，是世界最高的垂直速降游乐项目。广州塔是世界上建筑物腰身最细（最细处直径只有30多米），施工难度最大的建筑。建设者们把1万多个倾斜并且规格大小全不相同的钢构件，精确安装成这个挺拔高耸的建筑经典作品，并创造了一系列建筑上的"世界之最"。

◎ 到 423 米处的旋转餐厅享受中外美食

　　旋转餐厅位于广州塔106层，423米高的璇玑地中海自助餐厅是世界最高的旋转餐

厅，可容纳130~150人就餐，已于2014年获得吉尼斯世界纪录的验证，被评为"建筑物中最高的旋转餐厅"。餐厅为椭圆形环状设计，约100分钟旋转一圈，恰好以一个就餐时间段作为旋转周期，保证所有位置的宾客都能全方位欣赏广州绚丽的美景。

月娇轩，顶级广府菜，是首家进驻广州塔的高端中式食府，典雅高贵而又不失温馨舒适的中国古韵，连厅房都以"忠、孝、仁、义、礼、智、勇、和"命名。筷子荟，正宗东南亚菜式，一站式尝遍正宗的亚洲各国菜式，如中国、新加坡、马来西亚、泰国、越南、日本和印度等各国风味，"筷子荟"寓意这里是丰盛亚洲餐饮的荟萃之地。卢特斯法国旋转餐厅，由法国名厨Antonie Perray先生制作法国美食。地中海旋转餐厅，是一家提供地中海多国美食的顶级自助餐旋转餐厅，浪漫的地中海装修风格，菜式按地区分类摆放，包括意大利、西班牙、法国、摩洛哥、希腊以及中东国家的美食。

1
—
2

1. 广州塔夜景

2. 广州塔近景

深圳地王大厦

坐标：广东省深圳市罗湖区
荣誉：中国20世纪建筑遗产，深圳首批历史建筑
主要景观：深港之窗

◎ 地产界投资的地中之王

深圳地王大厦，又称信兴广场深圳地王商业大厦，位于深圳市罗湖区，共69层，楼高约384米。站在这里，可以眺望香港，俯瞰整个深圳市。深圳地王大厦，是深圳首批红色旅游景区之一，是深圳市标志性的黄金建筑，还是亚洲有名的高层观光旅游景点。深圳地王大厦由美籍华人建筑设计师张国言设计，是一个集办公、商业于一体的超高层综合性建筑组群，建成以来，吸引了很多中外游客前来观光。大厦于1996年3月竣工，是深圳特区一座重要标志性建筑，也是当时中国最高的建筑物。"地王"之名，源于其得天独厚的地理位置，该地段处于深圳深南东路、宝安南路与解放中路交会的黄金三角地带，被地产界誉为投资的地中之王 。1992年，深圳市政府向国内外企业公开拍卖，香港一家公司以1.4亿多美元的高价一举中标，创下了当时深圳的地价之王 ，地王商业大厦由此而得名。

◎ "通、透、瘦"的绿幕大楼

深圳地王大厦的宽高比为1：9，创造了世界超高层建筑最"扁"、最"瘦"的纪录。主体建筑外形的设计灵感来源于中世纪西方的教堂和中国古代文化中"通、透、

大厦周边景色

瘦"的精髓。为了实现理想的宽高比,大厦采用超过1万件的钢构件,安装钢构件所使用的熔焊栓钉、高强螺栓就多达100万个。为了增强钢结构的稳定性及降低安装后楼体结构的误差,施工小组采用了新技术和严格的工艺,不但施工过程中无任何质量事故,且最终完工误差远低于国家标准。在外立面上,主塔楼用淡绿色玻璃幕墙包裹,配合公寓的白色瓷砖墙面以及商场的灰色石板面的设计,使得大厦不论白天夜晚都显得十分通透干净。

地王大厦在建造时最令人称道的是以人为本,严格控制工程对周边居民的影响。易中天曾在《读城记》中写道:"建造地王大厦的两年多时间里,人们没有听到过喧嚣和噪音,没有看见过肮脏和杂乱。它四周的马路在凌晨时分总是被冲洗得洁净如初。人们说,这就是深圳,只有深圳才有这样的效率,也只有深圳才有这种文明。"

如今,地王大厦作为深圳的标志性建筑,与周围的人文、自然景观相融合,成为深圳独特的旅游景点。

天府广场

坐标：四川省成都市锦江区与青羊区交界处
荣誉：中国著名十大城市广场之一
主要景观：鱼眼喷泉、太阳神鸟、青铜文化柱等

◎ 天府广场，一座消失的皇城

　　天府广场，公认的成都市中心，是成都的心脏区域，也是到成都必去的地方。然而又有多少人记得，天府广场以前的名字其实叫"皇城坝"。明洪武四年（1371年），明太祖封第十一子朱椿为蜀王，在成都城中心修建蜀王府，方向为正南北，外绕"御河"，俗呼皇城。蜀王府严格按照明代礼制建造，作为仅次于皇宫的亲王府邸，建筑规格、布局基本上仿照皇宫，可以说是缩小版的紫禁城。其前面的牌楼、拱桥和一大块空地，则被称为皇城坝。皇城和皇城坝的位置，便在今天的天府广场北端和展览馆一带。此后天府广场历经数百年变迁，几度被毁，几度重建。如今，天府广场已经被赋予了新的内涵和外延。

◎ 太阳神鸟栖息的太极广场

　　太极广场是依托古蜀国的历史，以青铜器的绿色和太阳神鸟的金色为主色调，融合太极的理念而建立的。步入广场，东西两侧巨大的鱼眼喷泉映入眼帘，两边的柱上分别盘绕着一条金色的巨龙，象征着中国的两条巨龙——黄河和长江，当喷泉喷涌时，如同芙蓉花似的水幕将两条巨龙盘活，如同蒸蒸日上的中华民族。下沉式广场的墙体上，

80米长的巨大喷涂雕塑把巴蜀的名山胜水、雄险俊秀一一展现出来，而广场四周的12根高15米的青铜文化柱则展示了三星堆、金沙遗址等古巴蜀厚重的历史。华灯初上，亮起的金色太阳神鸟图案和喷泉使得整个广场流光溢彩。

新疆国际大巴扎

坐标： 新疆维吾尔自治区乌鲁木齐市天山区
荣誉： 国家AAAA级旅游景区，乌鲁木齐市"十佳建筑"
主要景观： 新疆第一观光塔、伊斯兰清真寺等

◎ 世界第一大巴扎

新疆国际大巴扎建成于2003年，位于乌鲁木齐维吾尔族聚居区，其建筑面积近10万平方米，拥有3000个店铺，是世界上规模最大的巴扎。在维吾尔语中，巴扎意为集市、农贸市场。新疆国际大巴扎有宴会厅、美食广场、欢乐广场、室内表演广场等，两侧墙面统一为米黄色，整洁美观。它的建筑都是伊斯兰风格的，来到这里，各式各样精美的民族特色商品令人应接不暇。新疆国际大巴扎的设计者是著名建筑设计师、新疆建筑设计研究院名誉院长、中国工程院院士王小东。王小东用了5年时间，跑了数十个国家，在研究了世界上一些著名伊斯兰建筑的基础上，结合新疆伊斯兰建筑特点，设计出了个性鲜明的新疆国际大巴扎。新疆国际大巴扎由6个楼群组成，在建筑风格上，使用最本质、最有生命力的元素，采用土黄色为主色调，融合了希腊、古罗马、西亚、中亚建筑元素，使其成为乌鲁木齐的标志性建筑之一。

◎ 中西文化交融的丝绸之路塔

位于大巴扎广场中心高约100米的圆塔名为丝绸之路塔，是大巴扎最为著名的景点，具有浓郁的民族特色，重现了丝绸之路的商业繁华。塔内各层都有彩绘和展览展示

1
2 | 3

1. 广场夜景

2. 丝绸之路塔内部

3. 民族乐器冬不拉和热瓦普

丝绸之路的历史故事，登上塔顶便能俯瞰周围的城市风光。建筑外表是土黄色，显得很厚重，特色的立柱、圆顶非常漂亮。第一层为观景台，面积216.5平方米；第二层是派莱克酒吧，酒吧墙面附"新疆十大谜"景观图文及新疆各少数民族风情介绍图文，在此纵论古今，时有民乐盘旋回荡，真可谓人间绝境！登上六层便是一个环形的观光层，边上全是西式玻璃窗，墙壁上绘有各式各样的精美壁画，其中包括不同的民族元素，而玻璃窗的中间则悬挂着一串串的红灯笼，透过窗户可以看到外面的"洋葱头"建筑。

/ # 天津之眼

坐标：天津市红桥区

荣誉：世界上唯一的桥上瞰景摩天轮

主要景观：摩天轮、永乐桥、海河风光

◎ 名副其实的"天津之眼"

"天津之眼"其实是一个摩天轮，位于红桥区三岔河口永乐桥（原名慈海桥）上，是中国十大城市地标建筑之一，也是天津市的标志性景观之一。摩天轮直径为110米，

摩天轮细节

轮外装挂48个360度透明座舱，可同时供384个人观光。摩天轮旋转一周所需时间约28分钟，到达最高处时，周边景色一览无余，甚至能看到方圆40千米以内的景致，远远望去，就像一只明亮的眼睛，成为名副其实的"天津之眼"。其设计理念以尊重城市地域现存的历史积累为前提，通过运用新技术、新材料和简洁流畅的线条设计，凸显现代化的科技文明与天津城市历史的交会，提升了区域的文化品位与内涵，体现出天津"开放与纳新"的文化特征。2008年北京奥运会火炬传递在天津站时也经过了"天津之眼"这一亮丽景观。"天津之眼"是海河开发一桥一景的杰作，是镶嵌在海河上的一颗璀璨明珠。

◎永乐桥——独一无二的"轮桥合一"风格

明建文二年（1400年），明燕王朱棣自海河三岔河口渡河，一路南下，攻陷南京，

"天津之眼"及海河风光

夺取帝位，成为明朝第三位皇帝，年号永乐，后人称其为永乐皇帝。永乐二年（1404年），明王朝在直沽设卫，明成祖朱棣赐名"天津卫"。天津，即天子渡口之意。2008年"天津之眼"落成，坐落于当年朱棣率千军万马渡河之处——永乐桥上。

永乐桥原名慈海桥，位于天津三岔河口，横跨子牙河，全长330米，跨度100米，连接河北区五马路和红桥区三条石横街，与具有"彩虹桥"之称的金钢桥相距700米。永乐桥是海河综合开发第一批新建的桥梁之一，也是海河上技术难度最大的一座跨河桥梁，在大桥的建造过程中，斜拉索桥与摩天轮的衔接安装是工程的重点，即在结构上两者都需要高空承担荷载的"点"。建造斜拉桥，必须有一个支承桥面的缆索集中形成的支持点；建造摩天轮，需要一个支承旋转轮轴的点。永乐桥的设计者独具匠心地将两个受力点通过一个合理的结构体系来完成，使其做到上托轮、下拉桥；还将永乐桥、摩天轮和商业设施融为一体，形成一种全新的空间结构，从而实现了独一无二的"轮桥合一"风格。

台北 101 大楼

坐标： 台湾省台北市

荣誉： 美国LEED（评价绿色建筑的工具）白金级认证绿色建筑，电梯被列入吉尼斯世界纪录的最快速电梯，世界最长行程的室内电梯

主要景观： 观景台、烟花秀

台北 101 大楼近景

◎ 建在地震带上的大楼

台北101大楼是台北旅游的必去之地，在这里不仅可以体验世界上最快的电梯，从5楼上升到89楼只需37秒，还可以登上88楼观景台将台北的美景尽收眼底。台湾位于地震带上，每年平均发生200多次地震，经常面临太平洋强台风的侵袭，3条地质断层在它底下穿过。然而2004年底，这个地震带上拔地而起的台北101大楼，改变了台北的天际线，也成为人类建筑史上的奇迹之一。台北101大楼里有世界第一座"防震防风阻尼器"，重660吨，直径5.5米，它的重量相当于6个柴油机火车头。金属球起的是阻尼的作用，当大楼因强风而摇晃时，沉重的球体会反方向拉紧，进而大大减少了大楼的摆动幅度。这个全球最大的阻尼摆锤外层镀金，不仅成功融入了大楼的主体，也成为游客猎奇的热点之一。事实

证明，这个巨大的"防震防风阻尼器"确实发挥了巨大作用，自从竣工后，台北101大楼经受住了里氏6级以上的大地震的考验，在地震中也没有遭受严重的破坏，这颗全球最大"防震防风阻尼器"正负摆幅约15厘米，创台湾地震史上最大摆动幅度。

◎ "节节高升"的外形设计

　　台北101大楼由建筑师王重平和李祖原共同主持设计，他们曾设计过许多地标建筑，在他们的规划中，台北101大楼被设计成阶梯形的外观，像是一节一节的竹子，寓意"节节高"。上部共8节，每节8层楼。大楼的基座上还有巨大的幸运铜钱，据说是为了寓意大楼的租户能够在商界红运当头。与此同时，梯形结构的大楼又像是一座巍峨的宝塔，富有中国古代建筑的神韵。台北101大楼的竹节外形与真正的竹子有共通之处，它的分段结构能够增加建筑的支撑强度，每一段都能将大楼的重量从外部集中到中间，而让大楼更坚固、更轻、更有弹性。在施工时，由于工地的地基比较松软，工程人员打下了500多根巨大的桩扎入60米的地底深处，最终固定于坚固的地下岩石，为这座大楼打下了稳固的地基结构。

晚霞中的台北 101 大楼

食友　边…
…边…
金生　边福…
双蝶　卞世友　卞世…
振华　卞维…
二娃　同月…　同吉余
一达　马一…　马一青　马二…　马二合生
万…　马万建　马万珍　马万清　马…三　马三…
同怀　马引林　马卫友　马士芳　马士芳…
清　马才立　马才旺　马才…
生　马书芹　马书图…
旦　马元礼　马元会　马元庆…
志　马云其　马云…
和　马发荣　马发…
寿　马天胜　马天荣　马天里…
清　马开发　马开议　马开友…
发　马文立　马文军　马文昌…
清　马文德　马方化…
　马文华　马长庆…

第五章

红色纪念

1921年、1927年、1949年……一个个具有纪念意义的时间节点，铭刻着中华民族伟大复兴之路的红色地标，诉说着中华民族坚韧不拔的奋斗精神。

天安门广场

坐标：北京市东城区

荣誉："新北京十六景"之一

主要景观：升降旗仪式、人民英雄纪念碑、天安门城楼

◎ 中华人民共和国的心脏

位于北京中轴线上的天安门广场，是中华人民共和国的心脏。天安门广场，南北长880米、东西宽500米，面积44万平方米，是世界上最大的城市广场，最多可容纳100万人举行集会。

广场北起天安门，南至正阳门，东起中国国家博物馆，西至人民大会堂，中央是毛主席纪念堂和人民英雄纪念碑。庄严肃穆的天安门广场是我国的政治中心，党和国家的重大庆典和重大集会都少不了天安门广场的身影：1949年10月1日，中华人民共和国成立，开国大典在这里隆重举行；第一面五星红旗在广场上升起；中华人民共和国成立35周年、50周年、60周年以及70周年，中国特色社会主义进入新时代的盛大阅兵式都在此举行……

天安门是天安门广场上的重要建筑物，也是中华人民共和国的象征。天安门原名承天门，是明、清两朝北京皇城的正门，始建于明永乐十五年（1417年）。清顺治八年（1651年），重修城楼并更名为"天安门"，寓意"受命于天，安邦治国"。

天安门是新民主主义革命开启的地方，是宣布中华人民共和国成立的地方，象征着中华民族顽强的奋斗精神。同时，这座历经600多年风雨洗礼的"中华神州第一门"还象征着中国五千年灿烂文明和悠久历史。1950年6月10日，天安门被确立为国徽的主

人民英雄纪念碑

体。至此，奠定了天安门在中华人民共和国的重要意义。

◎ 记录中国 100 多年革命史的纪念碑

人民英雄纪念碑位于北京天安门广场中心，在天安门南约463米，正阳门北约440米的南北中轴线上。1949年9月30日，中国人民政治协商会议第一届全体会议通过决议，为纪念在人民革命战争、民族解放战争和民主运动中牺牲的人民英雄，决定在天安门广场建立人民英雄纪念碑。人民英雄纪念碑于1949年9月30日奠基，1952年8月1日开工，1958年4月22日竣工，1958年5月1日揭幕，前后历时9年。人民英雄纪念碑呈长方形，分台座、须弥座和碑身3部分，是中国历史上最大的纪念碑，总建筑面积为3000平方米，通高37.94米。台座分为两层，四周环绕精美的汉白玉栏杆，四面均有台阶。底层台座东西宽50.44米，南北长61.54米。碑身正面朝着天安门，巨大的碑心石上刻有毛泽东题写的"人民英雄永垂不朽"8个镏金大字，碑的背面是由毛泽东撰文、周恩来题写的150字碑文。人民英雄纪念碑大须弥座四周镶嵌着10幅高2米，宽2～6.4米，合在一起总长40.68米的汉白玉浮雕。浮雕上共刻着170多个人物形象，生动而概括地表现出中国人民100多年来反帝反封建的伟大革命斗争史实。10幅浮雕按照历史顺序从碑身东面开始，依次为《虎门销烟》《金田起义》《武昌起义》《五四运动》《五卅运动》《南昌起义》《抗日游击战》《胜利渡长江》《支援前线》《欢迎人民解放军》。

新年伊始升旗仪式前放飞和平鸽

中国共产党第一次全国代表大会会址

坐标： 上海市黄浦区
荣誉： 中国20世纪建筑遗产，全国爱国主义教育示范基地
主要景观： 石库门、专题陈列室

◎ 中国共产党的诞生地

提起老上海，就不得不提具有海派文化特色的石库门建筑。石库门建筑坐北朝南，因以石头做门框，以乌漆实心厚木做门扇而得名。这种具有独特魅力的建筑，不但体现了上海的城市风貌，更孕育了上海的红色基因。上海新天地的东南就有一处整齐的石库门建筑群，其中兴业路76号就坐落着中国共产党第一次全国代表大会会址（以下简称"中共一大会址"）。1921年7月23—30日，中国共产党第一次全国代表大会在这栋石库门建筑底层召开，标志着中国共产党的诞生。从此，中国共产党走向波澜壮阔且飞速发展的征程。

这栋记录着上海红色精神的建筑，是我党发展壮大的历史见证。中共一大会址于1952年成为纪念馆，当时称上海革命历史纪念馆，1959年5月26日公布为上海市文物保护单位，1961年被列为第一批全国重点文物保护单位。1968年，上海革命历史纪念馆筹备处改名为中国共产党第一次全国代表大会会址纪念馆，并向社会开放。

中共一大会址纪念馆自开馆以来，充分发挥其红色文化资源的优势，开通志愿者服务，积极参与青少年思想政治教育工作，使党的诞生地成为青少年学习中国红色历史的校外课堂和社会实践基地。如今，中共一大会址纪念馆拥有"上海市爱国主义教育基地""上海红色旅游基地"等称号，成为中国不可或缺的红色历史文化遗产。

1. 浮雕主题墙
2. 会址外景

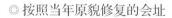

◎ 按照当年原貌修复的会址

　　中共一大会址纪念馆占地面积1300多平方米，建筑利用原"李公馆"和西邻的辅助建筑按照当年会址原貌进行修复，保留了20世纪20年代老上海的建筑风貌。

　　纪念馆的基本陈列是"伟大开端——中国共产党创建历史文物陈列"，展厅面积998平方米，陈列内容分为"起点""前赴后继救亡图存""风云际会相约建党""群英会聚开天辟地""追梦"5个部分，详细阐述了中国共产党的创建历史。

抗战胜利纪功碑暨人民解放纪念碑

坐标： 重庆市渝中区
荣誉： 中国20世纪建筑遗产
主要景观： 人民解放纪念碑、镌刻、碑记等

◎ 解放碑，重庆的地标建筑

解放碑位于重庆市渝中区，是抗战胜利和重庆解放的历史见证，重庆的地标之一，也是刻在重庆人骨子里、流淌在血液里的记忆。

解放碑包括碑台、碑座、碑身和瞭望台。碑身高24米，直径4米，为八面塔形；碑台直径20米，台高1.6米；碑座由8根青石砌结护柱组成。

历经几十年的沉浮，如今解放碑已经成了重庆历史文化的承载者，这座"精神堡垒"被赋予激励全国人民的抗战士气，勉励同胞当有抗战到底的精神的意义。解放碑1946—1947年经历重建，被称作"抗战胜利纪功碑"，记全国军民的浴血奋战之功。1949年重庆解放，它改名为"人民解放纪念碑"，纪念重庆解放。此后，以碑为中心，辐射出东南西北4条街，不断丰富和发展成为重庆最繁华的购物商圈之一——解放碑商圈。1997年，全国第一条商业步行街——解放碑中心购物广场诞生了。今天的解放碑，已经是全重庆乃至西南地区最国际化的商业中心之一。

◎ 揭秘"精神堡垒"的历史

人民解放纪念碑是重庆的象征，它的前身是纪功碑；纪功碑还有个前身，是抗战

时期国民政府陪都的"精神堡垒"。1937年抗战全面爆发，南京沦陷，国民政府迁都重
庆。为激励全国人民不屈意志、弘扬御侮精神、表达抗战到底的决心，1940年底，国民
政府在重庆街头一处被日本飞机轰炸留下的大弹坑，破土动工修建一座"精神堡垒"。
在施工过程中，常遭到日本飞机的轰炸，炸了修，修了又炸，断断续续地修了一年多，
于1941年12月30日竣工。"精神堡垒"为碉楼烽燧台形状，高七丈七尺（约26米），
寓意七七事变抗日战争全面爆发日，顶上设有旗杆，底座面对民族路一侧，写有"精
神堡垒"4个大字，其余三面分别写着"国家至上，民族至上""意志集中，力量集
中""军事第一，胜利第一"。此后，重庆的一些群众集会和大的纪念活动，都在"精
神堡垒"下举行。

/ # 八一南昌起义纪念塔

坐标：江西省南昌市西湖区
荣誉：江西省文物保护单位
主要景观：纪念塔、浮雕

◎ 为何叫塔不叫碑

　　八一南昌起义纪念塔始建于1977年，2001—2004年进行了大规模的扩建改造，我们现在看到的是改造后的八一南昌起义纪念塔。八一南昌起义纪念塔坐落在市中心的八一广场南端，是为纪念八一南昌起义50周年而建的，纪念塔为长方体，总高53.6米，正北面是叶剑英元帅题写的"八一南昌起义纪念塔"9个铜胎镏金大字，下嵌"八一南昌起义简介"花岗石碑。其他3面是"宣布起义""攻打敌营""欢呼胜利"3幅大型花岗石浮雕。塔身两侧各有翼墙，嵌有青松和万年青环抱的中国工农红军旗徽浮雕。塔顶由直立的花岗石雕步枪和用红色花岗石拼贴的八一军旗组成。可是为什么叫纪念塔不叫纪念碑呢？据纪念塔改造设计总负责人沃祖全回忆说：当时很多人质疑，作为八一南昌起义的标志性纪念物应该叫"碑"才准确，纷纷建议在改造时把"塔"改为"碑"。他坚持认为"纪念塔"的名字不能变，并解释称：首先，称"塔"也一样具有纪念性，如法国纪念第一届世界博览会的埃菲尔铁塔等；其次，当年的奠基石上刻写的名字就是"八一南昌起义纪念塔"，随后叶剑英的题字也是严格按照奠基石上的名字写的，这是尊重历史，我们后人不能随意改名。

◎ 八一南昌起义纪念塔设计的秘密

    随着南昌城市建设的发展，广场附近的建筑物越来越高，显得纪念塔有些矮小。于是在2000年，省市领导提出，在改造八一广场的同时改造八一南昌起义纪念塔，并将退休在家的沃祖全聘为纪念塔改造项目负责人。为了使纪念塔显得更加挺拔，沃老定做了近30个石膏像，不停琢磨。最后把塔高增加8.1米，即53.6米。由于塔座不能变，于是对塔身进行了千分之三的收分，从下往上逐渐变窄。为了让塔顶用石头做的红旗"飘"起来，让红旗显得更鲜艳、飘逸，他在工地上按1∶1的比例，用碎砖和水泥浆制作红旗，观察其飘逸感，磨了上百次石头才做出飘逸的红旗。另外，塔顶红旗用的红色花岗岩是去四川买回的颜色比以往更鲜艳的红花岗岩，两层旗座也使用汉白玉制作，把军旗步枪衬托得更加明快。

纪念塔主体建筑

纪念塔侧立面——飞扬的红旗

八一广场夜景

/ # 沈阳抗美援朝烈士陵园

坐标：辽宁省沈阳市皇姑区

荣誉： 全国红色旅游经典景区，爱国主义教育示范基地

主要景观：烈士纪念碑、烈士墓群、烈士纪念馆、烈士英名墙、录像厅等

◎ 英雄长眠地

沈阳抗美援朝烈士陵园位于沈阳市北陵公园东侧。1951年初，经政务院内务部批准，原东北人民政府决定在沈阳修建抗美援朝烈士陵园。陵园由烈士纪念碑、烈士墓群、烈士纪念馆、录像厅等组成，园名由郭沫若同志题写。烈士纪念碑碑身正面镌刻着董必武同志的题词"抗美援朝烈士英灵永垂不朽"。纪念碑的顶端是铜铸的中朝两国国

烈士纪念馆文献

旗,寓意着中朝两国人民的友谊万古长青。旗下是手握冲锋枪的志愿军战士铜像,其正气凛然的英雄气魄令人肃然起敬。纪念碑后面便是烈士墓,123位志愿军烈士长眠于此。在他们当中,有抱着炸药包冲向敌群的特级战斗英雄杨根思、用胸膛堵住敌人机枪口的特级战斗英雄黄继光、烈火烧身也不暴露潜伏目标的一级战斗英雄邱少云等28位战斗英雄。广场四周的环形地下墓穴,安放着599名中国人民志愿军烈士遗骸棺椁。

◎ 镌刻17万多个名字的烈士英名墙

沈阳抗美援朝烈士陵园的下沉式纪念广场中央,坐落着白色花岗岩群山雕塑,寓意英雄精神如高山巍峨、万古长存。环绕广场的黑金沙花岗岩烈士英名墙,墙高3米,长达130多米,上面密密地镌刻着志愿军烈士姓名。据介绍,经整理核实后,现确认抗美援朝烈士有197653位,其中23246位重名烈士信息可在抗美援朝烈士名录中查询,英名墙上实际镌刻174407位烈士英名。当年,由于战事紧急、条件有限,大多数志愿军烈士的遗体被埋葬在朝鲜半岛。建立烈士英名墙,既体现祖国对每一位烈士的尊重与纪念,更让抗美援朝英雄群体变得具体清晰,也让烈士后代拥有一处祭奠先烈、寄托哀思的场所。

1
2

1. 烈士英名墙
2. 烈士纪念馆——桥梁工程微雕

第六章

艺术殿堂

走进一座座艺术殿堂，揭开艺术的华章，用眼、耳、手、心，从外到内感受艺术的魅力。

/ # 国家大剧院

坐标： 北京市西城区

荣誉： 国庆十周年十大建筑之一，"鲁班奖"，中华人民
共和国成立60周年"百项经典暨精品工程"，"新
北京十六景"之一

主要景观： 歌剧院、音乐厅、第五空间、艺术精品长廊等

◎ 集人文、艺术、自然于一体的建筑

　　位于北京市天安门广场西侧的国家大剧院，建成于2007年9月，其主体建筑面积
10.5万平方米，如同一个巨大的蛋壳；地下附属设施面积6万平方米，最深处32.5米。国

室内雕塑《呐喊》

室内建筑

家大剧院由法国著名设计师保罗·安德鲁领衔设计，其构思独特，造型新颖，实现了传统与现代、浪漫与现实的结合。主体建筑呈半椭圆形，柔和的金属光泽和三角形玻璃区域，如同刚刚开启的幕布；四周围绕着夏不生藻、冬不结冰的人工湖，远远望去，整座建筑仿佛漂浮在水面上；人工湖周边是总面积3.9万平方米的绿化带，借鉴了中国传统园林的设计理念，隐与显、密与疏之间相互协调，融入了复层、群落等设计理念，为市民在繁华的都市中开辟了一片宁静休闲区域。大剧院、人工湖和大面积的绿化带，不但使周围环境得到了极大改善，更是体现了艺术、建筑、人和自然和谐共融的理念。

作为新北京十六景之一的地标性建筑，国家大剧院自建成起参观游客累计600万人次以上，除承办近万场商演外，还承担着艺术教育普及的使命，它是对外艺术交流的平台，更是展示大国首都形象、中华文化魅力的重要平台。

◎ 第五空间

国家大剧院由歌剧院、音乐厅、戏剧院、小剧场、第五空间、艺术精品长廊等组成。

第五空间作为国家大剧院的公共空间，是展示大剧院五彩缤纷的艺术之美的窗口。除艺术氛围浓厚的空间陈设、精妙的建筑设计，还有形式多样、主题丰富的小型表演、艺术展览等，可以让观众近距离地体验艺术的魅力。第五空间主要划分为水下廊道、橄榄厅、公共大厅、屋顶平台等，其中最具特色的要数水下廊道和公共大厅。

　　水下廊道是连接国家大剧院主入口的通道，位于人工湖下方，长约80米，顶部采用玻璃天棚搭建而成。白天，在阳光的照射下，层层波光透过透明的天花板投射下来，

让人感觉如同身处梦幻的海洋一般。夜晚，在水晶灯柱的指引下，观众一步步走向这座艺术殿堂，一场好戏即将上演。

公共大厅拥有国内跨度最大的穹顶，穹顶距地面46米，无数的金属线条和巴西红木把整个大厅分成不同的区域，走向各不相同，充满变化与层次，整个穹顶仿佛是正在跳舞的五线谱。

国家大剧院夜景

/ # 上海大剧院

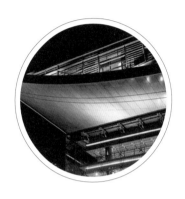

坐标：上海市黄浦区

荣誉："上海新十大地标建筑"之一，国家文化产业示范基地，国内首家国际性高等级综合剧院

主要景观：大剧场、绿地等

◎ 国内首家国际性高等级综合剧院

上海大剧院坐落于上海市中心人民广场，毗邻上海市人民政府、上海博物馆，占地面积2.1万平方米，总建筑面积6.4万平方米。其建筑风格独特，造型优美，是一座融新技术、新工艺、新材料于一体的艺术殿堂，也是上海的标志性建筑之一。它不仅是市民观看各类演出及晚会的重要场所，还承载着促进中外文化交流的重任，是展示城市风貌的名片。

2013年，上海大剧院为提升观众观感和优化原有软硬件设施，闭馆大修。半年后重新开业的上海大剧院舞台机械全线升级，开放了更多空间。如今，上海大剧院在秉承"一流的艺术作品，一流的艺术体验，一流的艺术教育"的前提下，不断深化艺术教育的普适性，推出公益票和各类主题活动等，成为广受上海市民欢迎的新文化地标。

◎ 宛如音符穿织而成的水晶宫殿

上海大剧院整体建筑风格新颖别致，将"天圆地方"的概念融入其外形设计之中。屋顶采用两边反翘拥抱蓝天的白色弧形，外立面用透明玻璃和大理石组成了玻璃幕墙，玻璃幕墙采用钢索和钢爪安装，尽可能地减少遮蔽，兼具采光与美观的双重功效，

上海大剧院外景

晶莹剔透。每当华灯初上，整座建筑宛如音符穿织而成的水晶宫殿。走进大剧院的大堂，宽敞明亮的观众休闲区域让人震撼。高20米的大堂顶端悬挂着名为"蓝色多瑙河"的水晶吊灯，地面采用珍贵的希腊水晶白大理石铺成，白色的巨型大理石柱子分立两旁，舒适高档的沙发桌椅呈"一"字形排开，里面还有精致艺术品和音乐书籍出售。走进这里，一场视听盛宴即将拉开帷幕。

大剧院内部空间

/ # 广州大剧院

坐标：广东省广州市天河区

荣誉：获得"菲迪克百年重大建筑项目杰出奖"，"世界十大歌剧院"之一，"世界最壮观剧院"之一

主要景观：歌剧厅、实验剧场、当代美术馆等

◎ 华南地区最大的综合性表演艺术中心

广州大剧院位于广州珠江新城中心区域，北靠广州国际金融中心，南望珠江与海心沙，是广州标志性建筑之一。

外形独特的广州大剧院总占地面积4.2万平方米，建筑面积7.3万平方米，设有歌剧厅、实验剧场、3个排练厅和当代美术馆，以及其他基础辅助设施。其中歌剧厅精美大气，舞台呈"品"字形，共设有1804个座席，头顶是"满天星"样式的天花板，"双手环抱"式的观众席散落其间，歌剧厅内墙体经过了特殊设计，更便于音响效果的发挥。

室内斜立面和CBD天际线

而实验剧场舞台及座位均可移动，适合小型音乐会、先锋艺术等各类演出。3个排练厅功能不同，分别为歌剧、芭蕾舞、交响乐团的专属排练厅。当代美术馆是广州大剧院与广东美术馆合作打造的一个跨界艺术空间，成为多元艺术合作的典范。

作为华南地区最大的综合性表演艺术中心，广州大剧院自建成以来，一直秉承"国际性、创新性、原创性、探索性"的原则，不断发展创新，使得国际大师、名团、名剧齐聚于此。2014年，大剧院被《今日美国》评为"世界十大歌剧院"之一，进一步确立了广州大剧院作为"中国三大剧院"之一的地位。

◎ 突破、创新的"圆润双砾"设计

广州大剧院整体外形设计新颖、别致，其概念取自"珠江中的两块石头"，是"解构主义大师"扎哈·哈迪德在中国的处女作。

广州大剧院的设计突破了以往建筑的结构特点，犹如两块历经江水冲刷的石头被冲到岸边。"双砾"被安置在珠江北岸平缓的山丘上，一大一小，一黑一白，形成鲜明的对比。建筑采用了不规则的几何形态，并利用钢材结构，有上百个倾斜的立面，以达到完美的视觉效果。哈迪德还与全球顶级声学大师、声学界最高奖"塞宾奖"得主马歇尔共同配合设计，使得大剧院内部无论视觉还是声音共振、混响等效果最优化。大剧院近乎完美的建筑设计和视听效果，获得全球建筑界及艺术家的极高评价。

/ # 中华艺术宫

坐标：上海市浦东新区
荣誉：近现代艺术博物馆
主要景观：展厅、艺术剧场、艺术教育长廊、多媒体版
　　　　　《清明上河图》等

◎ 近现代艺术博物馆

　　中华艺术宫位于上海市浦东新区，由原上海世博会中国国家馆改建而成。改建后
的场馆总建筑面积约17万平方米，拥有35个展厅，设有常设展区、临时主体展区、专题

美术展

展区等，并配有教学长廊、艺术剧场、多功能厅、衍生品商场、图书阅览室等其他文化艺术交流专区。

近年来，中华艺术宫在做好收藏、学术研究、展览、教育、对外交流等多项职能的基础上，大力关注及募集中国近现代、当代美术代表作品，为"名家馆"打下良好基础。同时，中华艺术宫不断以免费展览、公益美术教育和良好的配套服务等树立良好的公众形象，成为上海人民心中的新城市名片。

◎ "活"起来的《清明上河图》

《清明上河图》现藏于北京故宫博物院，是中国艺术史上蔚为壮观的国之瑰宝。在5米多长的画卷里张择端以汴河为基础，描绘了城郊乡野、街道车马、河桥舟船、商铺民居，以及大量的各色人物的市井百态，栩栩如生，可谓北宋时期的"百科全书"。

中华艺术宫的多媒体版《清明上河图》长128米，高6.5米。作品使用12台电影级大型投影设备营造出波光粼粼的汴河，并在研究北宋城市经济的基础上，增设了夜景篇章，每4分钟为一个日夜循环，其中白天出现人物691个，夜晚377个。这幅被放大了近

中华艺术宫外景

30倍的北宋市井图，在声光电多媒体的加持下，穿越时空，如同活了过来。目前，这幅多媒体巨制在49米层5号展厅免费展出。

◎ "东方之冠"的形象外观

中华艺术宫外观采用斗拱制式，顶部居中突起，形如冠盖，层叠出挑，56根横梁象征56个民族团结一心。4根大柱稳稳地托起顶冠，远看似古代的礼冠，又像一个粮仓。整体可以意化成"華"字，加之故宫红的配色，巍峨壮观，意蕴万千，表现出"东方之冠，鼎盛中华，天下粮仓，富庶百姓"的中国文化精髓。

如今，中华艺术宫被赋予了新的历史使命，成为公众享受艺术、提升美学素养的艺术殿堂。

中国美术馆

坐标：北京市东城区
荣誉：首批国家重点美术馆
主要景观：展览厅、展示雕塑园、现代化藏品库等

◎ 中国的艺术宝库

中国美术馆位于北京市东城区五四大街，是中国唯一的国家造型艺术博物馆，是新中国成立10周年10大建筑之一。在半个多世纪的时间里，中国美术馆作为中国的艺术宝库，其本身也在不断地发展。1990年，中国美术馆主楼进行了首次大修，主要是为了抗震加固。1995年，藏品库及配套用房动工兴建，1998年底竣工，藏品库位于主楼后面。如今，中国美术馆收藏有11万余件美术作品，以中华人民共和国成立前后时期的作品为主，兼收民国初期、清朝和明末艺术家的重要作品。除收藏、保管、陈列、研究中国近现代优秀美术作品和民间美术作品外，中国美术馆还担负着主办各种类型的中外美术作品展览，进行国内外美术学术交流等任务。1965年1月，中国美术馆的第一个陈列展"中国美术馆建国以来部分美术作品藏品陈列"在二楼展厅开幕。1983年6月15日，为纪念张大千的"张大千画展"开幕，15天的展期内参观者达6万人次。1993年2月15日，"法国罗丹艺术大展"开幕，1个月的展期内参观者达10余万人次。

◎ 鲜明的民族建筑风格

中国美术馆始建于1958年，1963年由毛泽东题写"中国美术馆"馆额并正式开放。

中国美术馆外景

　　其主体大楼由建筑大师戴念慈主持设计，建筑为仿古阁楼式，黄色琉璃瓦大屋顶，四周廊榭围绕，具有鲜明的民族建筑风格。戴念慈十分注重对中国传统建筑文化精华的挖掘，为了设计出符合中国美术馆作为"艺术宝库"内涵的建筑，他从中国古代艺术宝库莫高窟的九层飞檐中汲取传统造型语言，在建筑外观主体上采用古典三段式构图，展现出明显的民族风格。

　　站在美术馆前，这座高高耸立的古典楼宇，琉璃屋顶金光闪闪，飞檐在近乎竖直的立面上层层跌落，宛如一串逐渐奏响的音符，带来强而有力的韵律感。周恩来曾说，美术馆作为城市建筑，应有城市园林的特点，于是他建议加上长廊，并种植竹林。美术馆与故宫、景山、天安门、北海公园等城市景点相融合，烘托出北京城的历史氛围。这种将文化、绘画、历史、光影相结合的建筑作品，不仅是具有实用价值的文化场所，更是一件艺术品。

/ # 西九文化区

坐标：香港特别行政区
荣誉：世界级表演场地
主要景观：戏曲中心、海滨长廊

◎ 濒海的新文化地标

西九文化区作为香港的新文化地标，规划面积超过40万平方米，现已建成戏曲中心、自由空间、艺术公园、苗圃公园等配套设施。此外，两大不同主题的博物馆和演艺中心也即将盛装开幕，为更多的艺术家跨界合作提供新的可能，成为名副其实的集艺术、文化、潮流、休闲于一体的世界级文化新地标。漫步在文化区的海滨长廊，白天或伴着绿意盎然的树木、草坪嬉戏、野餐，享受休闲时光；或欣赏公共展演，接受文化艺术的熏陶，感受未来文化区的艺术氛围。傍晚，在这里不但能欣赏美丽的海滨日落，还能饱览维多利亚港和商业之都的独特夜景。

◎ 为戏曲而生的世界级艺术场馆

坐落于香港西九文化区东侧的戏曲中心，位于广东道、柯士甸道交界处，面朝维多利亚港，是香港最负盛名的戏曲新家园。

戏曲中心外观设计别具匠心，建筑围绕戏曲主题展开，整体外观借鉴中式传统彩灯，用未经处理的航海级铝管切割打造流畅的曲线和拱月门，完美地融合了传统与现代元素，大门如同拉开的舞台帷幕，步入中心大厅，便可尽览传承千年的戏曲艺术。

戏曲中心夜景

如拉开帷幕般的入口

戏曲中心总面积约2.8万平方米，共8层，内设大剧院、茶馆剧场、专业排演室、演讲厅和其他配套设施。每个场地的功能和其配套设施的设计都为展示戏曲艺术而量身打造，力求把戏曲艺术的精粹传达给每一个人。为了增加一层中庭的开放空间来做展览、戏曲科普和戏曲集市等活动，特意把大剧院放置在最顶层。

戏曲中心致力于打造成一座世界级戏曲艺术场馆，这里每天上演以粤剧为主的戏曲和各种戏曲电影，顶层大剧院两侧的户外空中花园带来维多利亚港和远处城区的绝美景观……特别值得一提的是，戏曲中心提供了口述影像、辅助聆听器材、手语传译等服务和齐备的无障碍设施来服务每一个爱好戏曲的人。

排演室
Studio

戏曲中心内部设计

798 艺术区

坐标：北京市朝阳区

荣誉：全球最有文化标志性的22个城市艺术中心之一

主要景观：北京季节画廊、白玛梅朵艺术中心、小柯剧场、尤伦斯艺术中心、佩斯北京、三口创意汇等

◎ 中国现当代艺术汇集的艺术区

位于北京市朝阳区酒仙桥大山子的798艺术区，又称大山子艺术区，是北京城市文化的新地标之一，也是世界闻名的艺术商业街区。

798艺术区占地面积60多万平方米，总建筑面积23万平方米，为原国营798厂等电子工业的老厂区所在地。2003年，艺术区举办了以"再造798"为主题的当代艺术展，从此798艺术区声名鹊起。各国艺术家开始将自己的作品带到这里，这些艺术家们所涉及的门类主要包括创作展示和交流、设计两大类，这成了如今的798艺术区的主体存在，同时也带动了传播发行、书店、工艺品销售及餐饮酒吧等边缘文化产业的兴起。

斑驳的红砖，错落有致的包豪斯风格的工业厂房，纵横交错的管道，墙壁上各时代的标语及新兴的艺术涂鸦，"SOHO式艺术聚落"和"LOFT生活方式"，都是798艺术区的时尚符号，历史与现实、工业与艺术、精神追求与商业经济在这里完美地契合。

经过18年的发展，"798"成为中国现当代艺术最有辨识度的标志，是中国现当代文化艺术的风向标，更是中外文化艺术交流的重要平台。

1. 前卫雕塑
2. 蓺空间

◎ "798"名字的由来

1949年初，由周恩来总理批准，苏联、民主德国援助建立了718联合厂（原国营华北无线电联合器材厂）。1964年，718联合厂体制改革变更为706厂、707厂、718厂、797厂、798厂及751厂6个直属工厂。

20世纪90年代，大量厂房空置，加之企业经营困难，所以厂房以低廉的价格出租。正好1995年前后中央美术学院的艺术家接到一个"创作卢沟桥抗日战争纪念雕塑群"的任务，他们找到706厂的仓库。租金低廉的锯齿形的厂房窗户虽然是朝北的，但采光极好，适合画画和雕塑等艺术创作。后来，越来越多的艺术家进驻到这里，由于798厂空出的厂房最多，"798"的名字也就越来越响了。

如今，798艺术区被世界越来越多的艺术家、时尚名流所熟知。798艺术区在古旧的厂房和现代的艺术中谱写了一个又一个艺术盛宴。

第七章

书香雅趣

一座座图书馆、书店立于城市与读者之间，它们不仅是书的殿堂，更是城市文明的象征，是承载人类精神文明的基石。

中国国家图书馆

坐标：北京市海淀区（古籍馆西城区）

荣誉：中国20世纪建筑遗产，中国最大的图书馆，亚洲规模最大的图书馆，全国中小学生研学实践教育基地

主要景观：国家典籍博物馆、古籍馆等

◎ 百年铸就亚洲规模最大的图书馆

中国国家图书馆的前身是京师图书馆。宣统元年（1909年），在东西方文化交融和变法图强的背景下，清政府下令筹建京师图书馆，馆舍设在北京广化寺。1912年8月27日，图书馆开馆。为了传承中华民族传统文化，吸收先进科学，从1916年起图书馆开始履行国家图书馆部分职能，正式庋藏国内正式出版物。之后，馆名几经变更，馆舍几经变迁，1998年12月12日改称国家图书馆。次年，国家图书馆率先采用先进的千兆位以

中国国家图书馆外景

馆内雕塑

太网络技术，建立并链接多个网点，标志着国家图书馆正式成为网上信息资源的中心枢纽。2014年，国家典籍博物馆正式开放，系统展示国家图书馆的丰富藏品，进一步弘扬中华文化和加强图书馆的公共教育职能。

中国国家图书馆设有总馆北区、总馆南区、古籍馆3处，总建筑面积28万平方米。图书馆馆藏丰富，品类齐全，馆藏书籍超过3500万册，是中国最大的图书馆，也是亚洲规模最大的图书馆。

◎ 丰富的馆藏造就文化宝库

中国国家图书馆作为一座馆藏丰富，可以博古览今的图书馆，馆藏总量位居世界国家图书馆第七位，其中中文文献收藏量位居世界第一，外文文献收藏量位居国内首位。

中国国家图书馆还收藏了南宋以来历代皇家藏书以及明代以来众多名家私藏，最早的可追溯到3000多年前的殷墟甲骨。珍品特藏有280多万册（件），种类包含古籍善本、金石拓片、古代舆图、敦煌遗书、少数民族文字古籍、名家手稿、家谱、地方志等，其中敦煌遗书、《赵城金藏》，以及《永乐大典》、文津阁本《四库全书》最受瞩目。

目前，中国国家图书馆每年新增藏书超过百万册，数字资源超过100TB，在建设成为精华尽收、从传统到现代的民族文化宝库的同时藏用并重，成为广大公众学习、检索资源的好去处。

中国国家图书馆内景

天津滨海新区文化中心图书馆

坐标：天津市滨海新区
荣誉：中国最美图书馆
主要景观："书山"、球形报告厅

◎ 囊括34层高"书山"的"滨海之眼"

图书馆位于天津市滨海新区文化中心内，主体建筑共6层，总建筑面积3.37万平方米，设计藏书总量达120万册。图书馆由荷兰MVRDV建筑事务所联合天津城市规划设计研究院等设计而成，设计立意"滨海之眼"和"书山有路勤为径"。自2017年10月1日图书馆对外开放后，其独特的造型吸引了众多知名媒体到馆采访报道，被国外著名媒体誉为"世界上最酷的图书馆""每个爱书人梦寐以求的地方""全球终极图书馆"。

图书馆内部环绕着从地板到天花板的绵延书山，按功能划分阅读区域。馆内的书架极具特色，绵延起伏的白色书架如同梯田，包围着中心的球形报告厅。高34层的"书山"，从馆内一直延伸到馆外，像百叶窗一样，在保护图

球形报告厅

书的同时也使馆内的光线极为柔和。书架有宽有窄，有的地方可以直接坐下，拿起一本喜欢的图书，便可偷得浮生半日闲。

◎ 球形报告厅

球形报告厅位于图书馆的中庭，是图书馆开展公益文化活动的主要场所之一。它外观如球体，内部是具有环绕立体声和数字放映功能的报告厅，共82个伸缩座席和部分

活动座椅，球体表面布满LED灯，用内光外透、全彩变化来显示动态和静态图形。球体外部被层层叠叠的"书山"包围，形成椭圆形的空间结构，如同"天眼"一般凝视外界。如今，滨海新区文化中心图书馆通过其"造型新颖、格局生动"的颜值和精彩的艺术表演、展示等吸引了越来越多的人前来"打卡"，成为天津新的文化地标。

三联书店海边公益图书馆

坐标：河北省秦皇岛市昌黎县
荣誉：最孤独的图书馆
主要景观：窗外海景、沙滩、阿那亚教堂

◎ 最孤独的图书馆

在秦皇岛市昌黎县黄金海岸腹地，有一座独具艺术气质的图书馆——三联书店海边公益图书馆。和传统的图书馆不同，它面朝大海，就像一块巨大的石头抑或是雕塑一般安静地矗立在空旷的海滩上。它与海为伴，来到这里的人，可以透过大落地窗，看潮起潮落。

书架及天花板孔洞

　　图书馆的外观质朴，略显孤傲，被称为"最孤独的图书馆"。从2015年开业至今，图书馆藏书已有万余册，这座起初设计最多容纳100人的社区图书馆，已有近10万读者慕名而来。馆里经常举办各类读书会与讲座，还开展了家史创作、国画欣赏、摄影展览等文化活动，甚至举办了宫崎骏动漫音乐会、朱亦兵大提琴演奏会等艺术活动。

　　如今，这座最孤独的图书馆已经成为当地的文化地标，著名的"网红"打卡地。

◎ 孤独到极致的空间设计

　　图书馆的设计感极强，整体建筑面积约450平方米。其外立面采用了不加修饰的清水混凝土，保留了修建过程中的痕迹。从远处看去，灰色不加任何修饰的水泥房静静地伫立于海边的沙滩上，在开阔的天地间显得孤独而宁静。图书馆面朝大海的一面采用了高通透玻璃幕墙，在增加室内采光的同时让读者抬起头就可看到不远处的大海。推开厚重的木门，渐进的阶梯式空间立有书架、书桌。错落的书桌使得每个读者都可以尽览大海。天花板上整齐地排列着许多通风孔洞，在下午某个时段光线会穿过这些孔洞，投下影影绰绰的光斑。

　　图书馆内装饰极简，灰色的混凝土墙面，原木色的书架，桌子搭配黑色桌脚，丝毫没有多余的干涉。读读书，看着辽阔的大海发会儿呆，享受属于自己最安静的角落，这也许就是洗去城市繁华后的"孤独"。

PAGE ONE

坐标：北京、上海、杭州等地
荣誉：香港最佳书店，新加坡最佳书店
主要景观：天花板、圆形书架等

◎ 外文书店里的"诚品书店"

PAGE ONE是一家集书店（图书零售）、出版、发行于一体的企业，中文名为叶一堂，成立于1983年，总部位于新加坡，在中国也是极有影响的书店品牌。

PAGE ONE书店的创始人陈家强曾说："Every book begins with page one（每本书都从第一页开始）。"这也是PAGE ONE名称的由来。创立初期，书店仅提供美术及设计类书籍，随着不断发展壮大，书店也引入了包括小说、文学、人文社科、生活、儿童读物等不同种类的书籍和杂志，读者覆盖面更广。除书店业务外，PAGE ONE还涉足出版业，尤其专注于亚洲文化艺术的出版，所出版的图书已被翻译成多国语言销往海内外。

如今的PAGE ONE作为知名书店品牌，在北京、上海、杭州、台湾、香港等地都有分店，尤其在台湾，开设了mega-bookstore（超大书店）概念店，并大获成

$\dfrac{1}{2}$

1. 北京坊店东区
2. PAGE ONE 外景

书店陈列

功，被亲切地称为外文书店里的"诚品书店"。

◎ 一步一景的 PAGE ONE（北京坊店）

　　PAGE ONE（北京坊店）是一座3层巴洛克式风格的建筑，占地面积超过2500平方米，以"建筑中的建筑""书店中的书店"为设计理念，打造全球无时差阅读空间。

　　这是一家24小时营业的书店，在一层顶部由灯光营造出了宇宙星空的模样，读书间隙抬起头，时间仿佛在此停止。书店的主色调明朗沉稳，以白、棕、黑三色为主。一层摆放着精心挑选的文学艺术类书籍，二层有儿童书籍与读书角，三层有唱片和历史、摄影类书籍，还有超大的咖啡阅读室。游走其中，移步换景，一步一景，从书店的每个如镜框一样的窗户望出去，会看到不同的景致，正阳门、天安门、四合院、大栅栏商业街区、老墙、老洋房……像电影镜头一样不断切换。手捧一本书，眼观外景，历史和现代的完美融合，仿佛身处"盗梦空间"，正在开启一场特殊的心灵旅行。

/ # 南京先锋书店

坐标：江苏省南京市鼓楼区

荣誉：中国最美的书店

主要景观：入门坡道、高大的柱形书架、明信片墙等

◎ 一个隐藏在"地下车库"的书店

先锋书店在南京经历了20多年的风雨，被南京市民评为十二张文化名片之一，被誉为"中国最美的书店"，是南京重要的文化地标。先锋书店五台山总店位于南京市鼓楼区广州路173号，其原址曾是一个防空洞，后来被改成地下车库，直到2004年，先锋书店在此开店，将这里打造成了南京一道独特的风景。

书店的入口藏在极其不显眼的位置。迈进书店大门，长长的斜坡底端是两条黄色的标线指引着读者走向书店，原有的承重柱被高大的书架紧紧包裹，书架上面摆放着店家精心挑选的书籍，超过3600平方米的空间足够宽敞，整体的装修风格简洁敞亮，在橘色灯光下显得温暖至极。在快节奏的现代生活

老东门

明信片墙

中，如果说书是读书人的精神支柱，那么先锋书店的经营理念及环境如同一个港湾，温暖着来此地的每一个人。

◎ 塑造了一个城市文化空间

创立于1996年的先锋书店，从徽州古村落到浙江山区，从福建屏南到云南大理，从城市到山野，将书香散布至全国各地。这么多年来，先锋书店探索出一条以"学术、文化沙龙、咖啡、艺术画廊、电影、音乐、创意、生活、时尚"等为主题的文化创意品牌书店经营模式，为读者搭建了一个开放、探讨、分享的公共平台。其为读者精心打造的阅读空间，吸引了众多国内外读者。这里的每一本书都由创始人亲自挑选，注重思想深度和文化品位。为给读者营造出自由舒适的阅读氛围，先锋书店设有读者免费阅读休闲区，可以容纳几百人在此阅读。先锋书店在被忽略的废弃地下空间，塑造了一个城市文化空间。不少到南京旅行的游客，也会慕名前来寻找这个被誉为"中国最美的书店"的地方。

钟书阁

坐标： 上海市松江区

荣誉： "上海最美书店"，美国*WIRED*杂志评选出的
"全球10所最美书店"之一

主要景观： 书籍长廊、可旋转的书架

◎ 中国实体书店转型的标杆

2013年4月23日世界读书日，钟书阁泰晤士店开业，它是上海的文化地标，被称为"上海最美书店"，美国*WIRED*杂志评选出的"全球10所最美书店"之一。

目前，钟书阁在扬州、杭州及上海的松江、闵行、静安都有分店。每一家钟书阁都有不同的设计风格，松江店的设计主题是"书天书地"，闵行店是"万花筒中书世界"，静安店是"斑马线上川流的人群"，扬州钟书阁则借用有2500年历史的扬州文化元素。在钟书阁里，除了书、咖啡、茶和点心，不卖其他商品，这与其他市面上的增加文创产品的书店截然不同。钟书阁一直秉承"将书店做成书店，成为读书人的归宿"的经营理念，这也是它被视作中国实体书店转型标杆的原因。除了每年从60多万种新书中精挑细选出2万种好书，钟书阁还为读者提供一系列个性化阅读服务。比如专门提供"私密书架"来保存读者在店内购买的图书，没有读者本人允许，任何人不可翻阅。

如今，上海钟书阁不光是目前上海唯一走出去实行全国连锁的本土书店，还是上海的一张文化名片。

室内独特设计

弧形书架

◎ 犹如哥特式宫殿般的钟书阁

　　钟书阁闵行店，位于上海市松江区泰晤士小镇的街角，地理位置优越。书店以其颠覆传统书店风格的哥特式外观和宫殿式设计风靡全球，其建筑融合了西式的建筑风格与中式的传统元素，是一个不同于书店的"书殿"。设计师充分利用了临街墙面，在朱红色的仿古建筑上镶嵌着用各种经典文字雕刻的玻璃，白天阳光通透，夜晚透出温暖的灯光，加上悬挑向前的拱形雨棚和写有"钟书阁"三个字的匾额，平添了几分人文气息。另一侧，设计师用同样的印刷玻璃将门和橱窗以相同的形式包裹，简洁亦不失品位。走进钟书阁，脚下是玻璃铺成的地板，地板下面井然有序地排列着各种书籍，两侧的书架更是高高叠起。书店共两层，第一层是九间被书架隔开的书房，每间书房的一面书架都镂空铺上坐垫，九宫格组成的读书空间犹如迷宫一般。二层的空间呈"回"字形分布，外围是一大片纯白空间，两旁的白色弧形书架向上"生长"直到相互会合，形成巨大的尖顶，书架的后靠板是镜面设计，让书店看起来特别的开阔。

/ # 大屋顶书店

坐标：浙江省杭州市余杭区
荣誉：杭州新地标
主要景观：大屋顶

◎ 高晓松的公益图书馆

杭州晓书馆由著名音乐人、导演、作家高晓松发起并担任馆长，这是一家面向大众免费开放的公益图书馆，位于杭州良渚文化艺术中心。晓书馆内现有5万册藏书，以文史哲为主，还涉及科技等多个领域。

高晓松参与了晓书馆建设的每个环节，在选书环节上他还特地成立了专门的选书团队，高晓松说："我觉得选书是件非常快乐的事，晓书馆的书单绝大部分是公认的好

前厅雕塑

书，还有一些是我推崇的，像《枪炮、病菌与钢铁》《百年孤独》这些必须有，还有阿乙等中国现代作家的作品。"

晓书馆分上、下两层，按照天堂图书馆的模样，10多个原木色书架高耸至屋顶，书山、书海给人的幸福感扑面而来。宽敞明亮的大厅里，穿着工作服的志愿者安静地站在书架两旁，现场书籍均可免费阅读。

◎ 极简主义的建筑设计

晓书馆所在的良渚文化艺术中心，是杭州一处著名的文化地标，又称"大屋顶"，由世界级建筑大师安藤忠雄主持设计。安藤忠雄素有"清水混凝土诗人"之称，他的建筑风格非常明显——偏爱质朴的混凝土质感，而且钟情用几何形状，引入光、水、风等自然元素。书馆整体设计简洁明了，以直线为主，朴实无华。两层高的落地窗明亮通透，尽可能将光线容纳进馆内，使图书馆更加接近"天堂"的模样。

图书馆为了保持室内简洁明快的几何形状，多处摆放着整面的书架。最绝妙的是，整个图书馆环植着数百棵染井吉野樱，每到暮春三月，群樱齐放，整个晓书馆置于田园风光之中，远处大片的油菜花田与书馆内巨大的落地窗遥相呼应，使被淡黄色映衬着的极简主义建筑设计显得特别温馨。

晓书馆内景

方所书店

坐标： 广州、成都、青岛、西安等地

荣誉： 成都店入选《建筑文摘》2015年"世界最美15座书店"之一；2019年，荣获伦敦书展国际图书行业卓越奖"年度最佳书店"奖

主要景观： 地下藏经阁（成都店）

◎ "定是常住，便成方所"

2011年11月25日第一家方所书店在广州市天河区太古里亮相，在这个1800平方米的空间里融合了图书、服饰、咖啡、美学日用品等售卖、展览区域，被称为广州的文化新地标。"方所"典出于南朝梁代文学家萧统"定是常住，便成方所"，旨在为懂得文化创意生活的人创造一个内心渴望归属的地方。

地下藏经阁

　　自成立以来，方所不断发展，先后在成都、青岛、西安、三亚、合肥、上海等地开设了书店集合空间。同时，方所探索创新，努力营造一个文化艺术与生活、东方与西方、过去与现在的对话场所，每个方所都展现出不同的面貌，它用书籍把精致的美学主义和当地风情结合起来，成为城市的文化艺术新中心。2015年，方所成都店被《建筑文摘》列入2015年"世界最美15座书店"榜单；2019年，方所荣获伦敦书展国际图书行业卓越奖"年度最佳书店"奖。此外，方所以强大的活动能量，连接文化机构、院校等，共同推进城市文化的新浪潮。迄今为止，方所举办的艺文活动已有1000多场。

◎ 最美的地下藏经阁

　　方所书店成都店位于成都市锦江区春熙路的太古里地下一层，是继广州之后的第二家方所。成都方所书店所处的太古里原址是大慈寺，又位于地下一层，所以一家以"藏经阁"为概念的书店设计应运而生。在原本是繁华商业圈的地下停车空间，设计师朱志康设计了一个古朴的"方舟"雕塑，希望乘着"方舟"可以抵达文化的神圣殿堂。从一个极具空间感的扶梯穿入地下，4000平方米的店面，9米的挑高，37根造型迥异的巨大立柱，摆满藏书柜的阁楼和书架之间的空桥及猫道，如同真的到达古老的"藏经阁"一般，这里被誉为"最美地下藏经阁"。

　　成都方所书店自开业以来，成了太古里的新宠，在这个融文化艺术、休闲娱乐于一体的书店，越来越多的年轻人在这里漫游不息，阅读不止。

[1] 祝勇. 故宫六百年［M］. 北京：人民文学出版社，2020.

[2] 胡野秋. 深圳传：未来的世界之城［M］. 北京：新星出版社，2020.

[3] 《亲历者》编辑部. 重庆深度游Follow Me（第4版）［M］. 北京：中国铁道出版社，2020.

[4] 牟彦秋. 国家宝藏：探寻宝藏背后的中华遗产［M］. 北京：台海出版社，2020.

[5] 何瑞福. 鼓浪屿研究（第10辑）［M］. 北京：社会科学文献出版社，2019.

[6] 路芸霞，壹号图编辑部. 100摄影胜地畅游通［M］. 南京：江苏凤凰科学技术出版社，2018.

[7] 郑州地方史志办公室. 告成镇志［M］. 北京：中国水利水电出版社，2019.

[8] 冶存荣. 塔尔寺艺术三绝［M］. 西宁：青海人民出版社，2018.

[9] 白巍，王京晶，蔡一晨，王天娇. 北京文化探微艺梦工厂：北京798艺术区［M］. 北京：北京教育出版社，2018.

[10] 段勇. 当代中国博物馆［M］. 南京：译林出版社，2017.

[11] 吴晋. 中国最美的308个建筑［M］. 北京：人民邮电出版社，2016.

[12] 艺术大师编辑部. 看懂世界建筑第一本书［M］. 南京：江苏凤凰美术出版社，2015.

[13] 管成学，赵骥民. 学究天人：郭守敬的故事［M］. 吉林：吉林科学技术出版社，2012.

[14] 夏墨. 西藏，赴一场心灵之约［M］. 北京：石油工业出版社，2018.

[15] 王红英，吴巍，郭凯. 吊脚楼民居营造技艺［M］. 北京：中国电力出版社，2018.

[16] 倪兴祥，刘国辉. 红色革命的摇篮［M］. 贵阳：贵州大学出版社，2010.

[17] 故宫总说［OL］. 故宫博物院网站：http://www.dpm.org.cn

[18] 图书馆之美：三联书店海边公益图书馆［OL］. 建筑界官网：https://www.jian-zhuj.cn/news/3102.html

[19] 醉美越王楼：历史典故［OL］. 越王楼·三江半岛景区官网：http://www.yue-wanglou.net/public/culture/31.html

[20] 继续直击三星堆考古发掘［OL］. 央视网：http://news.cctv.com/special/video-

live/20210322sxd/index.shtml

[21] 第三批中国"20世纪建筑遗产项目"入选名录发布〔OL〕. 中国建筑学会官网：
http://www.chinaasc.org/news/126810.html

[22] 虚拟游览：全馆游览〔OL〕. 中华艺术宫官网：https://www.artmuseumonline.org/
art/art/visitGuide/xnyl/index.html?tm=1615876527861

[23] xiqu-centre（西九戏曲中心简介）〔OL〕. revery architecture官网：https://revery-
architecture.com/projects/xiqu-centre/

[24] 首批中国历史文化名街揭晓〔N〕. 中国文物报，2009-06-12.

本图书由北京出版集团有限责任公司依据与京版梅尔杜蒙（北京）文化传媒有限公司协议授权出版。

This book is published by Beijing Publishing Group Co. Ltd. (BPG) under the arrangement with BPG MAIRDUMONT Media Ltd. (BPG MD).

京版梅尔杜蒙（北京）文化传媒有限公司是由中方出版单位北京出版集团有限责任公司与德方出版单位梅尔杜蒙国际控股有限公司共同设立的中外合资公司。公司致力于成为最好的旅游内容提供者，在中国市场开展了图书出版、数字信息服务和线下服务三大业务。

BPG MD is a joint venture established by Chinese publisher BPG and German publisher MAIRDUMONT GmbH & Co. KG. The company aims to be the best travel content provider in China and creates book publications, digital information and offline services for the Chinese market.

北京出版集团有限责任公司是北京市属最大的综合性出版机构，前身为 1948 年成立的北平大众书店。经过数十年的发展，北京出版集团现已发展成为拥有多家专业出版社、杂志社和 10 余家子公司的大型国有文化企业。

Beijing Publishing Group Co. Ltd. is the largest municipal publishing house in Beijing, established in 1948, formerly known as Beijing Public Bookstore. After decades of development, BPG now owns a number of book and magazine publishing houses and holds more than 10 subsidiaries of state-owned cultural enterprises.

德国梅尔杜蒙国际控股有限公司成立于 1948 年，致力于旅游信息服务业。这一家族式出版企业始终坚持关注新世界及文化的发现和探索。作为欧洲旅游信息服务的市场领导者，梅尔杜蒙公司提供丰富的旅游指南、地图、旅游门户网站、App 应用程序以及其他相关旅游服务；拥有 Marco Polo、DUMONT、Baedeker 等诸多市场领先的旅游信息品牌。

MAIRDUMONT GmbH & Co. KG was founded in 1948 in Germany with the passion for travelling. Discovering the world and exploring new countries and cultures has since been the focus of the still family owned publishing group. As the market leader in Europe for travel information it offers a large portfolio of travel guides, maps, travel and mobility portals, Apps as well as other touristic services. Its market leading travel information brands include Marco Polo, DUMONT, and Baedeker.

DUMONT 是德国科隆梅尔杜蒙国际控股有限公司所有的注册商标。

DUMONT is the registered trademark of Mediengruppe DuMont Schauberg, Cologne, Germany.

杜蒙·阅途 是京版梅尔杜蒙（北京）文化传媒有限公司所有的注册商标。

杜蒙·阅途 is the registered trademark of BPG MAIRDUMONT Media Ltd. (Beijing).